U0035067

■ 新米太郎 著

■ 恆兆文化 出版

除法・大數與循環

【除法】

人不是企業，企業以永續經營為前提。如果把人當成企業，以利潤為目的是很奇怪的。

人與金錢的關係是有終點的。

天堂是終點；買房子、存10萬元、出國遊學…也是個終點。

以終點為被除數，時間為除數是個很理性的理財方法，善用「除法」，讓人生的金錢問題清清楚楚的。

【大數】

每天省10元，一輩子也不會因此變有錢。古話說「滴水穿石」，那可是積累千萬年的功夫，把它套用在金錢上面會很「莊孝維」。想想一生能賺錢會花錢的時光也不過幾十年，掌握財產中的「大數」並經營它才是重點。

【循環】

聰明的有錢人「錢轉一圈」錢就變多了，所以，他們總是想法子快快的讓錢一直轉。錢是怎麼轉的?正循環與負循環又是如何循環的。

■ 恆兆文化

理財的大破與大立

怎樣儲蓄和投資呢？

20到40歲這個年齡層的人，對於這個問題感到茫然的有不少！

從朋友家人、報章媒體中聽到的、看到的那些理財資訊，別理它們了，它們對你一點幫助也沒有！

在寫本系列的第一本書「破產上天堂1——我的現金流」時，我一直在思考：如果把人生的終點反推回來看起點(現在)，對於儲蓄與投資這件事，是不是可以比較具體？

就數學的角度看，如果你設定自己可以活在90歲，準備60歲退休，現在是30歲，就把資金缺口數一數除一除，每年該有多少年收入不就算出來了嗎？至於意外、生病等等的變數就交給保險。

這樣就夠了!

不是特意簡化金錢的問題，而是真的本來就只有如此而已！不過，一般人好像沒辦法那麼輕鬆的面對金錢問題，關鍵在那裡呢？

資訊！

有關金錢，有兩種資訊在人們做決策時大大的影響我們，一個是外面獲得的資訊，還有一個是自己製作出來內部的資訊。

如果習慣仰賴從外部獲得的資訊來做決定，不管是存在腦子裡的「想」或是付諸行動，危險性都很大。

每人的生活背景都不同，家庭的生活方式和價值觀也不同。因此，即使和收入背景相似的同事相較，也無法判斷結果是好還是壞。適合別人的資訊，不一定就適合自己，而且常常是誤導的成份居多。

在訊息複雜多樣的社會中生存，還是需要製作自己的個人資訊。家庭財報正是製作個人資訊的必要工具。

而這也是本書出版的目的。

停止外在的比較，由自己的所有出發吧！

太多外在「是非」、「比較」，人是聽不到自己心裡的聲音的。

我堅信，世上沒有可以為人找到富裕方法的理財專家，因為致富之鑰從來不在自己之外。

這是一本教人如何製作個人財務報表的工具書，在說明如何編製家庭財報的部份雖然有點小難度，不過，只要花一點點時間就看會了；對應於財務報表的理財觀念，也一定不難領會。可是，要製作出對自己真正有用的財報，難度卻很高——

「我有四棟房子，但都是家族的一筆『混帳』不知怎麼估價……」

「我有滿櫃子的名牌包包和珠寶(資產)，當然…還有滿手的待繳的信用卡款。」

「我的房貸是理財型的，我的股票是融資買的，我的基金跟保險是綁在一起的……我的帳亂到連想都不敢想……」

有了上述這些困難而無法「清算」自己的人應該有吧！

要去解讀外在的資訊說出一番道理很容易，但要整理自己內部的資訊時除了技術，還的有決心與一些些勇氣。就拿那「滿櫃子的名牌包包」當例子好了，以財報的角度名牌高價品屬於可變現的資產，但若一直擺著不處理也不使用，早就該歸在「滯銷庫存」立即丟棄是最正確的處理方式，因為若已無市場價值而一直擱著既佔用「場地費」也佔去處理它的「人事費」！不過，家，畢竟不是企業，有太多情感的糾葛，總叫人無法斷然處理。

然而，如果你想進入理財的新領域，總要大破才能大立。拿出實際行動，清算自己，開始！

■ 新米太郎

CONTENTS

1
chapter

新理財工具—家庭財務報表

COLUMN

2

chapter

家庭財報基礎認識 & D.I.Y

COLUMN

3 chapter

20.30.40歲如何利用個人財報

COLUMN

附錄

EXAMINE

金錢透明度

數數看，你打了幾個「勾」。

- ☐ 知道自己的薪資。(扣掉勞健保之後正確的金額。)
- ☐ 曾經記過帳。
- ☐ 清楚每月的生活費基本開支。(水、電、伙食、交通等基本支出。)
- ☐ 知道自己的保險額度。
- ☐ 知道每一家銀行的帳戶餘額。
- ☐ 知道每張信用卡的透支額度。
- ☐ 計算過每年度的特別開支。(含特別節日要買的禮物、該送的紅包。)
- ☐ 知道每年稅金的總額。(含所得稅、汽車、房屋等相關稅額。)
- ☐ 知道自家房屋貸款本金、利息、利率分別是多少。(無房貸者題目改為：能否說出購屋該準備的資金與房貸利率條件。)
- ☐ 會有計畫的使用獎金。
- ☐ 知道儲蓄跟投資有什麼不同。

解答

10個勾以上

……………………金錢透明度　98%

對金錢的進出狀況完全能掌握！因此，可以輕易的應付各種金錢狀況，即使有難處也能提早做準備。不過，財務上一絲不含糊的特性也容易因為太在乎小錢而忽略了「大數」，容易對生活產生不滿、對自己或家庭其他成員的收入、支出有微詞。放輕鬆、找對方法、掌握大數，別計較小錢，是給你理財的小提醒。

7~9個勾

……………………金錢透明度　85%

應付一般金錢的來來往往應該是沒有問題了，而且，你算是在財務上很大氣的人。把家庭財報讀透一點，能加強自信，有理財計畫時要善用除法數一數，你的理財特質是只要目標清楚就會達成。

4~6個勾

……………………金錢透明度　75%

你是屬於那種「不想理財」的人，覺得「賺大錢」勝於一切，而你又是很有自信可以賺大錢的人，所以，常會輕忽看起來不起眼的錢，當然，人際上也是好好先生(小姐)，因為你不計較。有關投資如何製作財報的部份要練熟一點，會對的荷包增加有實質的幫助。

3個勾以下

……………………金錢透明度　60%

朋友都認為你極度頑固不肯理財，只一味的向前衝、衝、衝。當然也有一種可能是你實在命太好了，根本不用去管什麼錢不錢的，所以，財務極度不透明。建議你至少花10分鐘挑戰自己的財產狀況，並知道什麼是財務正循環、什麼是負循環。

新理財工具

家庭財務報表

以前大家透過個人記帳來管理私人的金錢收支。

但是現代生活中，很多財產的流向無法由單純的收支帳本中看出。

只有透過個人的財務報表才能正確的掌握財產的「真面目」。

製作家庭財報有什麼好處呢？

正確的理財決策，勝過賺錢省錢！

新理財工具一家庭財務報表 LESSON - 1

收支帳本的侷限性

很多人都有記帳的習慣，有人會利用市售的家計簿；有些則買空白的筆記本；有人會利用電腦或手機程式……。不管你採用的是什麼記帳方式，家庭記帳的目的就是掌握「預算」與「支出」--記帳者用心的維持預算，並努力的照著預算經營生活，一段時間再回頭查看家庭收支帳本，往往能夠從一些歸納的數字中發現浪費並加以檢討。而這也是傳統記帳的目的與循環。

難以看到家計全貌的記帳本

家庭帳本對個人理財有一定的幫助，但是貸款、信用卡、股票、基金、地價上漲下跌等複雜的金錢活動，家庭收支賬本已經無法進行系統管理。甚至可以這麼說，不管你記帳的功夫再麼精確，即使連一塊錢也不閃失，但所得到的數字可能對家計並沒有什麼建設性的助益。

就拿最常見的股票爲例，購買股票後，在家庭收支賬本怎樣記錄呢？

股票的購買資金屬於支出，所以要記入支出，也就是看作財產減少，但實際上，買股票只是錢變成了股票財產並沒有變化。只有手續費的部分是實際的支出。財產增減事實上取決於賣掉股票的時候。

此外，使用信用卡購物，又該如何在收支帳上記錄呢？因爲購物當時並沒有當場支付現金，但實際上，付現的行爲只不過是延遲到下一個月而已。

像這樣，生活中很多頻繁的金融活動都已經無法用一般的收支帳記錄了，你是否可以考慮花一點時間重新學習一項新的理財工具呢？

收支帳難以看到財務真面貌

Key Point

記帳，就該以掌握大局為重點，若記了半天只得到一些零用錢支出的記錄，反而忽略掉整體資金運用是否合宜的重要問題。

新理財工具—家庭財務報表　LESSON - 2

財報用途 1-金錢決策

本書所要談的家庭財報跟一般收支帳有什麼不同呢？對個人理財又有什麼重要性呢？

以最常見的房屋貸款爲例，如果你記帳，習慣上我們會把「房貸」當成一筆「支出」，記在每月的收支帳上。然而，你也知道事實上這筆房貸其中有一部份是「本金」一部份是「利息」，不過，爲了好記，大部份的人還是一筆就把它記完了，就算是要拆成兩筆記錄，也會像流水帳一樣嘩啦嘩啦的記在支出欄內，本金與利息分不分開似乎沒有太大影響，頂多方便年底結算一年內繳了多少本金多少利息而已。

然而，如果你理財邏輯是立體的，而不是像流水帳一樣是直線的，記錄房貸時區分本金、利息就頗重要了。

提供理財決策參考值

我們先來看一個具體的例子。

王先生5年前用800萬元購買了住宅公寓，現在還有200萬的住宅貸款，必須在10年內還清。貸款的年利率是5%。

往後5年，王先生每年得還本金20萬元，由右表的算式得知，光是支付10年的利息就要55萬！

如果單就房貸清償表看，實在很難看出有沒有更有利的方式，但配合王先生的資產、負債情況，就比較出應該把房貸餘額200萬還掉比較有利。

爲什麼呢？

由王先生資產與負債總表看，他有筆200萬定期存款，定存利率2%低於房貸的5%，兩者相較等於10年多了3%的利息也就是33萬，換算成一個月就是每月節省2,750元。

貸款償還計畫 (範例200萬貸款，年還本金20萬，5%利率，10年到期。)

房貸清償表

	貸款餘額	償還本金	支付利息	年支付總額
第1年	200萬	20萬	**10萬**	30萬
第2年	180萬	20萬	**9萬**	29萬
第3年	160萬	20萬	**8萬**	28萬
第4年	140萬	20萬	**7萬**	27萬
第5年	120萬	20萬	**6萬**	26萬
第6年	100萬	20萬	**5萬**	25萬
第7年	80萬	20萬	**4萬**	24萬
第8年	60萬	20萬	**3萬**	23萬
第9年	40萬	20萬	**2萬**	22萬
第10年	20萬	20萬	**1萬**	21萬
	利息合計 →		**55萬**	

資產與負債

資產		負債	
現金	3萬	住宅貸款	200萬
活存	10萬		
定期存款(年利2%)	**200萬**		
有價證券	20萬		
公寓	800萬		

定存10年，利息20萬
房貸10年，利息55萬

平面變立體的思考財務

王先生還猶豫要不要以定存償還房貸，因為家中沒有基本存款讓人頗不安心。

於是王先生攤開每月收支表查看，扣除房貸支出每個月的家庭基本開銷需要3萬元，以每月基本開銷來3～6倍計算，王先生手中只要保有10萬元生活費應就算安全的，而目前不計算有價證券，還有13萬的現金（活存＋現金），所以，身邊多餘的現金是可以先清償房貸的。

此外，把每月近2萬元本來要繳房貸的錢以銀行零存整付的方式存入，依然可以存下現金，所以算一算還是提早還款較為有利。

財報，所有金錢活動的基礎

像這樣，不以手頭現金做金錢決策，而讓家中隱藏的資產與負債都透明化像立體透視圖一樣，讓我們在進行財務決策時更精準，這就是家庭財報最重要功能。

沒有財報當基礎，外在的資訊（或說誘惑）很容易叫自己陷入理財迷思。最不好的情況就是傻傻的去賺「屬於別人才賺得到的錢」。

比方A君拿100萬買賣股票賺了很多錢，但同一時間B君拿也100萬買賣股票卻賠了很多錢。

是什麼因素造成的呢？

除了技術、EQ與運氣外，財產的眞實狀況也是一個重要的因子。研究A君的財報發現他的現金充裕，取100萬從事風險性投資沒有後顧之憂；而B君的財報則顯示，投入股市的100萬現金，來源是以房屋抵押借貸取得的。

由於兩者金錢的「素質」不同，影響了投資心態上的不同。

淨財產充沛的A君不慌不忙的看待短期波動，但B君一點點小波動就倉促的殺進殺出。

如果投資前有份能夠眞實表達財務情況的個人財報，並忠實的對於自己能承受的風險定出合理的規範，也許就容易成功的賺到「快錢」。

財報，加強理財EQ

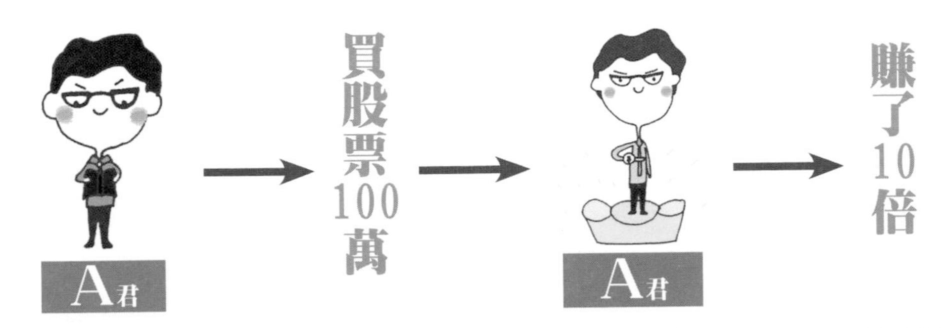

視現金狀況投資，是不可靠的。

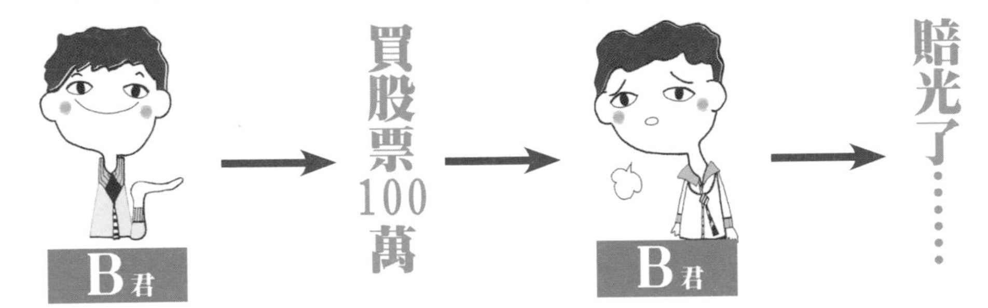

Key Point

投資與儲蓄不同，爲了追求高報酬，就得承受高風險。

你知道自己的資產狀況，可承受多少高風險的投資嗎？光看手中有多少現金是不可靠的，很可能這些現金是都「虛」的（因爲是借來的；也有可能你並沒有合理的活用其他資產，讓它們在某個地方睡著了。）

財報，較能呈現個人資產的眞面貌。

新理財工具—家庭財務報表　LESSON－3

財報用途 2-別為負債捉狂

負債，每個人都很不喜歡(甚至可以說很恐懼)。因爲不喜歡，所以，大多數人總希望這種討人厭的情況趕快過去。

但是，負債眞的需要這麼在意、這麼令人不安嗎？

想一想，爲什麼企業大部份喜歡欠銀行債？他們打什麼算盤？

「另類」的面對負債法

前例王先生有1,033萬的資產，有200萬的負債。另一位李先生，他的資產跟王先生一樣也有1,033萬，但負債有1,500萬；李先生年收入有200萬，年支出175萬(見右圖)，把資產減去負債，李家有△467萬(△代表負値，以下皆同)的淨財產。

相對於前例王先生積極的處理負債問題，李先生對自己的財報所顯現的負債則有不同的因應之道，雖然李太太曾經提出解掉定存賣掉房子減輕負債的建議，她的理由是「換成公司，我們早就倒閉了！」

家庭負債，輕鬆面對

不過李先生則認爲，家庭負債與公司負債不同，公司的負債有即時償還的壓力(一般公司最長可開六個月的期票)，但個人借款不管有多少，除非也有「立刻償還」的壓力，否則並不必太過在意，尤其像房貸這種借款，1,500萬的負債每年本金繳才繳75萬，20年就繳完了，何必爲這種負債捉狂？

但李太太的另一份憂心是萬一主要收入來源先生出了什麼狀況，鉅額的負債不是她所能負擔的，但李先生卻一點也不擔心，因爲他的規畫是：「出了意外，就以壽險保費拿去償還負債。如果還是還不完，全家陸續拋棄繼承，也是變通的方式之一。」

看財報，找出因應負債之道 (範例：李先生的想法)

資產負債表

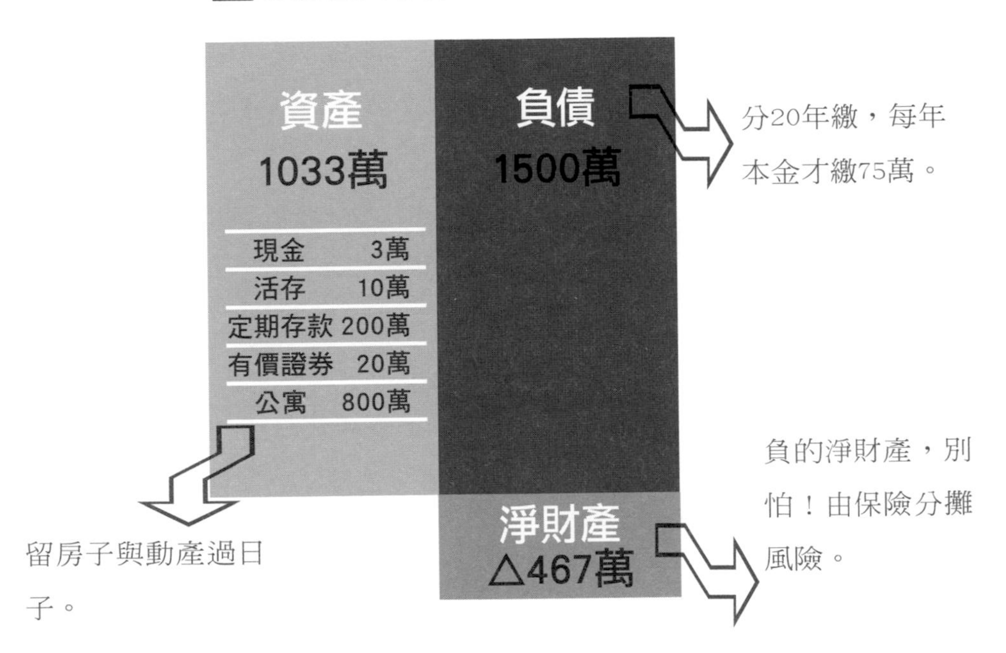

Key Point

如果抱持著「反正可以借那麼長的時間，那就多借吧！」也是不對的。

勇於負債的前提是收入安定且利率是低的。萬一借的是高利貸，那當然得快快還錢。負債的好壞，完全視投資是否成功，以及投資所得的利潤是否高過必要支出的利息而定。

李家每年收支

收入是200萬；
基本生活開銷是75萬；
貸款本利清償是100萬。

新理財工具一家庭財務報表　LESSON - 4

財報用途 3-資產最佳化

家庭或個人可以正常運作的因素簡單來講就是「錢」，但對於營運中的企業，問及什麼是它們營運的標的呢？比較常聽到的答案不是錢或資產，而是「利潤」。

企業，總是用盡各種可能的辦法創造利潤，因爲利潤是企業「生成」金錢的來源，而其創造利潤的手法，除了營業收入之外，庫存的管理、業外投資、出售資產等等都跟利潤有著很大的關係。

在金融環境如此複雜的現代社會裡，每一個家庭都應該具備基本的家庭財報系統，就像企業必需設立財務部門一樣，除了本業的「營業收入」之外，調整資產以發揮資產的效益、管理庫存、適時的「業外投資」都是可以讓家計生成利潤的方法，同時，最重要的，猶如公司的財務部門一樣，掌管家計就是不能讓家庭缺乏營運資金。

即使傳達財務訊息

「跟銀行建立信用關係，多借點錢；另外，還要多存錢。這樣資金就不缺了。」

以上的理解當然沒有錯，可是，多借錢就得多付利息，如此一來不就會影響利潤了嗎？

另外所謂的「多存錢」，如果是指把錢放在公司(或家裡)那也是不完全合理的，因爲當金錢多到一個程度的時候，對企業的股東來說，發放股利、轉投資都是追求金錢效益的方法。家庭對於金錢的態度也是如此，在維持了一定水準的現金資產之後，就應該有投資、旅行、消費、行善之類的計畫。

無疑的，一個好的財務應該具備提前反應財務資訊，並在正確的時間做出正確的財務規畫。不讓負債比過高，也不讓閒置資金過多。

財報，即時平衡資產與負債

20歲族

錢賺不多，最傷腦筋的是怎麼都存不住？

20歲族

啊，不知不覺的就背債務了。

30歲族

賺錢、孩子、房子、養老、投資，我的功課眞不少。

40歲族

我不求多，只要別老了還得爲房子與三餐煩惱就夠。

新理財工具—家庭財務報表　LESSON－5

家庭財報的具體內容

家庭財報，到底是什麼呢？我個人認爲，家庭財報可以不那麼僵硬的一定要套用企業財報的架構與名詞，只要是自己看起來很順、查詢起來很方便就可以了。

清楚、實用的家庭財報

如果要給財報一個定義，我們可以說，它就是幾張「一眼就能看清財產和收支情況的文件。」

爲符合上述條件，家庭財報應該包含了「資產負債表」、「收支表」和「現金流量表」。

現金流量表對人生在管控現金的進出情況與周轉十分重要，獨立在我的另一本書「破產上天堂1——我的現金流」中有完整介紹。個人財報所要講的三張表有什麼功能呢？簡單來說：

- 資負表→審查資產、負債→觀察未來
- 收支表→審查當期的結餘→觀察現在
- 現金流量表→以現金的進出計算所得的金錢→控管現金進出

資負表所記錄的，是將來可以使用的資產與將來要償還的負債，所以，它是觀察未來的。

收支表所記錄的，是今年(這個月或這個星期、今天)一整年(或月、周、日)的收入、支出或利益，它是觀察現在的。

財報，就像人的身體健康檢查表一樣，由數字高低與彼此間的關係就可以判讀出「健康狀況」，比方說當我們看到一份身體檢查表上面的數字是13歲、160公分、90公斤，即使你從未看過這個小孩，也能判讀出這個孩子顯然體重過重了。編製家庭財報也是一樣的道理，透過財報上的數字可以反應出個人財務的體質與未來發展性。

家庭財報三表

1.資產負債表 ▶	審查 資產・負債 ▶	觀察 未來
2.收支表 ▶	審查 當期的結餘 ▶	觀察 現在
3.現金流量表 ▶	以現金的進出 計算手頭金額 ▶	控管 現金

Key Point

資產負債表可以觀察未來，但企業與家庭的觀察重點不一樣。以企業而言，資負表可以看到公司1到5年的未來；以受薪家庭而言，大約可以看到10～20年的未來。

新理財工具—家庭財務報表　LESSON - 6

資產負債表的意義

對企業而言，資負表又被稱為「平衡表」，因為報表的左邊是資產，右邊是負債與資本，兩邊是永遠的恆等式。企業資負表可以顯示出企業的穩定度。就像健康檢查表能顯示身體狀況是否硬朗一樣。

家庭的財報，左邊也是資產，右邊是負債(借款)與家庭的眞正財產(淨財產)。家庭資產扣掉負債就等於淨財產。

通過這張表能表達什麼呢？

跟企業一樣，從資負表中判斷家庭的負債是否過高？還是現金太多沒有好好的理財運用造成浪費。

資產負債表的運用

個人如解讀資負表呢？

只要簡單的套用—

資產－負債＝淨財產

的公式即使沒有學過任何會計的知識，也不難看出財務狀況是否健全。

比如，資產即使很多，但同時借款也多，眞正擁有的淨財產可能就很少，如果明年地價〈或是股票〉突然暴跌，家計就陷入困境了。相反，資產即使不多，但沒有貸款，即使景氣再差，應該也不會弄到很淒慘的地步。

資負表的重要性相對於企業與家庭，家庭對資負表的倚賴還要更甚於企業，畢竟企業經營不善的話，還能宣布破產拍拍屁股走人，但是家庭即使宣布破產，日子還是得過不是嗎？

資產負債表，它能表達家計的穩定性，警示你的資產與負債的平衡度，但是，要能夠找出影響家計的原因進而改善家計，這樣才算是一個眞正的理財者，而不是一個只會加加減減的記帳員。

資產的比例，至少要「耐震」

合理的理財與投資，要兼顧保本與獲利。

新理財工具—家庭財務報表　LESSON - 7

編製家庭資負表

製作自己的資產負債表並不困難。麻煩的是，自己願不願意一口氣徹底把財產整理出來，如果準備好基本資料，不消十分鐘就能把資負表做完。

實際製作自己的資負表看看，很多人都會對結果感到愕然。

債務過多對財務的影響很大，因爲不景氣無法立即改善，從而引起資產通貨緊縮導致債務過多的家庭不在少數，尤其是背負數百萬住房貸款而使家計陷入債務過高的情況，社會上很普遍。

光是單月收支記錄已經不足以眞實反應家計現況。畢竟有太多的關鍵數字被隱藏而忽略，爲了讓這些背後的數字浮上檯面，資負表的製作可能會因爲找齊資料而顯得有點麻煩，不過，這可是一勞永逸的辦法。

有了資料，再參照右圖逐項塡寫，最後將「資產合計」減去「負債合計」，所得結果就是你的「淨財產」，你的個人資產負債表也就完成了。

準備資料：

1.錢包

2.撲滿

3.存摺（活存，定存）

4.有價證券的時價資料
（股票，基金，國債，公司債券）

5.房地產的鑑價資料
（或就附近成交資料推算）

6.汽車時價定價資料
（二手車雜誌等）

7.保單解約的現金準備金

8.貸款合約
（截至目前的貸款餘額）

8.信用卡刷卡對帳單

9.其他高價品財產
（黃金，繪畫，寶石，名牌等）

資產

項目	金額
現金	
有價證券	
活期存款	
定期存款	
其他存款	
土地	
建築物	
公寓	
保險積金	
車輛	
可賣高價物	
其他資產	
資產合計	

負債

項目	金額
住宅貸款	
其他借款	
信用卡未付款	
借款	
其他負債	
負債合計	

淨財產

資產合計	
－ 負債合計	
淨財產	

新理財工具—家庭財務報表　LESSON－8

編製收支表

企業是透過營收與成本、費用的「損益表」藉以瞭解「特定時段」或「專案」的營運績效。企業有了損益表能一眼看出營運績效以及影響績效的因子，目的是針對影響因子改善，以求不斷地提升整體營運能力。類比於企業的損益表，於個人就是製作「收支表」。

歸納收支變異的原因

收支表它的方法就像流水帳一樣一筆一筆的記錄。**但記錄的重點不在於「數字」的正確與否，而是「歸納」與「判讀」功夫。原則就是要掌握住「大數」。**

以搭計程爲例，某一天或某幾天圖方便花幾百元搭計程車，就別去檢討它了，但是，若由收支表中看出每天都多花幾百元搭計程車，就要想想是不是買車比較划算！

若是落入像流水帳一樣斤斤計較幾十元的支出，是沒有意義的。財報，主要的是要培養對數字的敏感度，若心思一直繞在並非常態性的小額支出上，反而不知道何者是經營家計的重點了。

特別收入與特別支出

與一般收支帳不同，本文介紹的收支表加列了「特別收入」、「特別支出」兩大項。

所謂的特別收入就是除了固定薪資例行獎金、加班費等收入之外的其他收入，比方說股票、不動產的買賣利差。

特別支出則在日常生活費之外的其他開銷，如銀行利息、手續費、投資損失等等。

使用電腦只要把格式設定好並鍵入數字，電腦很快就能跑出結果；如果不會用電腦只要使用計算機一點也不麻煩。

檢討「大數」培養持家器度

比較	情況1買包包	情況2買房子
定價	5萬元	1100萬元
成交價	4萬5仟元	990萬元
相對折扣	90%	90%
省錢絕對值	5仟元	110萬元
耗費時力度	透過三嬸婆女兒的同學，經過3星期的考慮，2星期的打聽，才買到手的。	透過六叔公的弟弟的朋友，經過3星期的考慮，2星期的打聽才買到手。

把110萬放在前面，
多幾個少幾個5仟元有什麼差別?
在「小數」上耗費時力，除了能當樂趣外，對財務實質上幫助不大。

製作收支表的要領

①固定薪資與獎金列在「收入」；日常生活費與開銷列在「支出」。

②利息收入與投資獲利就列在「特別收入」；利息支出與投資賠錢，就列在「特別支出」。

③在每一主項目依自己需要再列出「子項」。比方夫妻都上班，「收入」主項目下再列出「丈夫」、「妻子」；又如「支出」項下可分「日常生活費」與「其他生活費」。透過子項目想找出是什麼事件影響財務時，方向就很清楚了。

④貸款可以從銀行對帳單上找出「本金」與「利息」各爲多少。

年度	第1年
原因	
收入	120
薪資/獎金	120
其他收入	0
支出	90
日常生活費	70
其他生活費〈教育、汽車等〉	20
特別收入	2
出售資產所得〈股票、地產等〉	2
特別支出	8
房屋利息	8
出售資產損失〈股票、地產等〉	0
收支結餘	24
房子本金償還	20
存款變化	4

收支表

（大華的年度範例 單位：萬）

第2年	第3年	第4年	第5年	第6年	第7年
購置 新車			孩子 重考補習費	妻子 通過升等考	
130	140	150	160	165	165
120	125	140	150	150	150
10	15	10	10	15	15
135	105	105	143	114	115
75	75	75	73	74	75
60	30	30	70	40	40
0	0	3	0	0	0
		3			
7	6	11	4	3	2
7	6	5	4	3	2
0	0	6	0	0	0
△12	29	37	13	48	48
20	20	20	20	20	20
△32	9	17	△7	28	28

新理財工具一家庭財務報表 LESSON - 9

幸福指標——自由現金流量

你幸福嗎？

金錢所帶給人的滿足感往往不是數值的絕對大小，而是「夠了」、「有餘裕」的主觀感受。

有些人是緊張兮兮的急著存退休金、孩子的教育金，所以即使賺很多但手頭現金依舊不寬裕(因爲錢全存進爲將來準備的特定帳戶了)；有些人則倒過來，有多少花多少！這兩種方式當然是過猶不及。

寬裕度與浪費度的指標

利用「自由現金流量」可以評估自己在日常生活中的幸福感如何。所謂的「自由現金流量」，就是自己可以自由運用的錢。用一個很簡單的公式來表示它就是：

日常的現金出入結餘+爲將來準備的現金出入結餘=自由現金流量

日常的現金出入結餘，也就是眼前生活的常態收支狀況，一般上班族就是薪水扣掉房租與必要生活費的結餘，再加減爲將來準備的現金出入結餘(如購車、買房子、遊學、教育等等)，加加減減就是自由現金流量。

以右圖的範例而言，joan家每月收入8萬，扣除2萬房貸與4萬的生活費，joan日常現金出入還剩下2萬元。保費、爲孩子預備的教育費定存與將來老了要用的養老金總共是負的1萬4，兩者相加，joan每月應該有6000元的自由現金。

由這個計算方程式來看，joan應該是很幸福的喲！可是，如果到了月底摸摸口袋，所剩無幾(低於6000元很多)的話，那麼就表示joan可能這個月花太多錢了。

如果自由現金流量是負數，爲了不想讓日子過得太拮据，很可能就會利用其他借錢的管道，或是花用家族財產。

計算自由現金流量

(JOAN的範例)

日常現金出入結餘	每月收入	80000
	每月生活費	40000
	每月房貸(房租)	20000
爲將來準的現金出入結餘	每月保險費	6000
	教育定存	5000
	養老儲蓄	3000
	自由現金流量	6000

是富裕的指標。

Key Point

自由現金流量，能如實表達出生活的餘裕程度，並非以年收入高低來估算。

即使年收入低，只要自由現金流量是很高的正數，在金錢方面也能過著幸福快樂的日子。相反的，年收入高，但手頭自由現金流量很少，或是負數，要獲得生活的滿足感也很難。

COLUMN

瞭解錢款流動，投資更有信心

PAUL（35歲 男 證券業：妻子 一個孩子）

我以前從沒記過帳，妻子也沒有，那時候還沒有孩子，雙薪頂客族日子還算悠哉，後來有了小寶寶，我們突然覺得，錢，好像應該要重新規畫了。

我一直在證券業，除了結婚之初買了房子外，理財全都買賣股票，我會很在意每次交易數字的盈虧，以前並沒有連結到家計帳戶，而這些買賣股票的錢有些是融資，有些是理財型房貸的透支額度，說真的，這樣的財務狀況，叫我一直有種「提心吊膽」的感覺（誰知道那天會遇到股災？）因為我在股票投資方面一直採用高槓桿操作。

套用企業財報的方式處理自己的家計帳已經一年多了，這種方法對我而言最大的好處是讓我在從事高風險投資時比較有信心（畢竟，當父親的人膽子就比較小一點啦！），因為每一個月都可以知道目前在股市的資金在我整個家計中所佔有的位置是如何。

我跟妻子大約每個月會討論一下我們的財報，我的原則是至少要讓淨財產不能是「負值」。

因為我的房貸是理財型循環式的房貸，對我買賣股票而言資金比較靈活，不過，每個月這樣看財報自己也很受警惕，因為理財型房貸的關係，繳了這幾年貸款有繳跟沒繳差不多，負債比還是很高，所以，最近也一直想調整這種情況。

雖然妻子對這件事很在意，我倒是樂觀，認為股市的狀況好一點，就有信心賺到錢。不過，我還是會盯緊自己的財報，才不致胡亂擴張信用。

Paul的原始資產負債表

資產

- 房子 900萬
- 股票 200萬
- 現金 3萬
- 存褶 5萬

負債

- 房貸 650萬
- 信用卡 6萬
- 融資 100萬
- 信貸 10萬

淨財產

- 保留財產 342

假設：

Paul以理財型房貸加借60萬，融資40萬再買進100萬的股票。

資產負債表將變成——

資產

- 房子 900萬
- 股票 200+100萬
- 現金 3萬
- 存褶 5萬

負債

- 房貸 650+60萬
- 信用卡 6萬
- 融資 100+40萬
- 信貸 10萬

淨財產

- 保留財產 342

假設：

Paul以現金3萬、存褶2萬再買進5萬元的股票。

資產負債表將變成——

資產

- 房子 900萬
- 股票 200+5萬
- 現金 3–3萬
- 存褶 5–2萬

負債

- 房貸 650萬
- 信用卡 6萬
- 融資 100萬
- 信貸 10萬

淨財產

- 保留財產 342

家庭財報的 基礎認識 & D.I.Y

家庭財報是由「資產負債表」與「收支表」構成的。

不需套用任何會計的概念，只要懂得加、減，並花10分鐘不到的時間把兩個表格的項目看懂，就能立刻自己製作屬於自己的家庭財報。

甩掉直線的、平面的財務思考邏輯，利用立體的財報概念，讓金錢自己站在最有利最正確的好位置。

家庭財報的基礎認識 & D.I.Y　LESSON - 1

由財報中看到的金錢流動

前文，我們提及了家庭財報與傳統記帳簿之間的不同。那麼，家庭財報所表現出來的樣貌將會是怎麼樣呢？

右圖就是一張家庭財報金錢流動的樣子。不管是查看房子、定存、現金等資產面，還是要了解負債情況都可以套用資產-負債=淨財產的公式檢核家庭財務實況。

舉例子來說，如果房價下跌，本來1仟萬的房屋跌成只有800萬。如果購買時借了700萬，因爲房屋資產價值降低200萬，但是所借的貸款700萬卻一塊錢也不能少。

財報的五個重要因素

資產、負債、淨財產、收入、支出是家庭財報5個重要的因素，其中，除了資產之外，全都是無形的。

有關資產的代表性項目，像是「現金」就是實際的錢；有價證券像是股票、不動產的房子，都是有形的。但是資產之外的其他項目則是一些「數字」，並沒有實質的東西存在。

以負債而言，借錢，是「償還金錢的義務」實際上並沒有具體的形體(借據或是各種貸款合約也只是記載與承諾，並非屬於實體)而收入、支出等則是記載著金錢流入或流出的原因，也不是實體的東西，比方說，買東西付出金錢取得發票、領取薪水取得薪水條等。

那麼，既然除了資產之外都是非實體的東西，爲什麼要弄得好像一副很複雜的樣子呢？

看到這些數字的流動，才可以清楚知道家計實際的狀況。就像健康檢查表，由外表上知道「最近變瘦了」，若能配合食物與運動記錄表就可以了解爲什麼變瘦的理由。

財報上，錢就是這樣流動的！

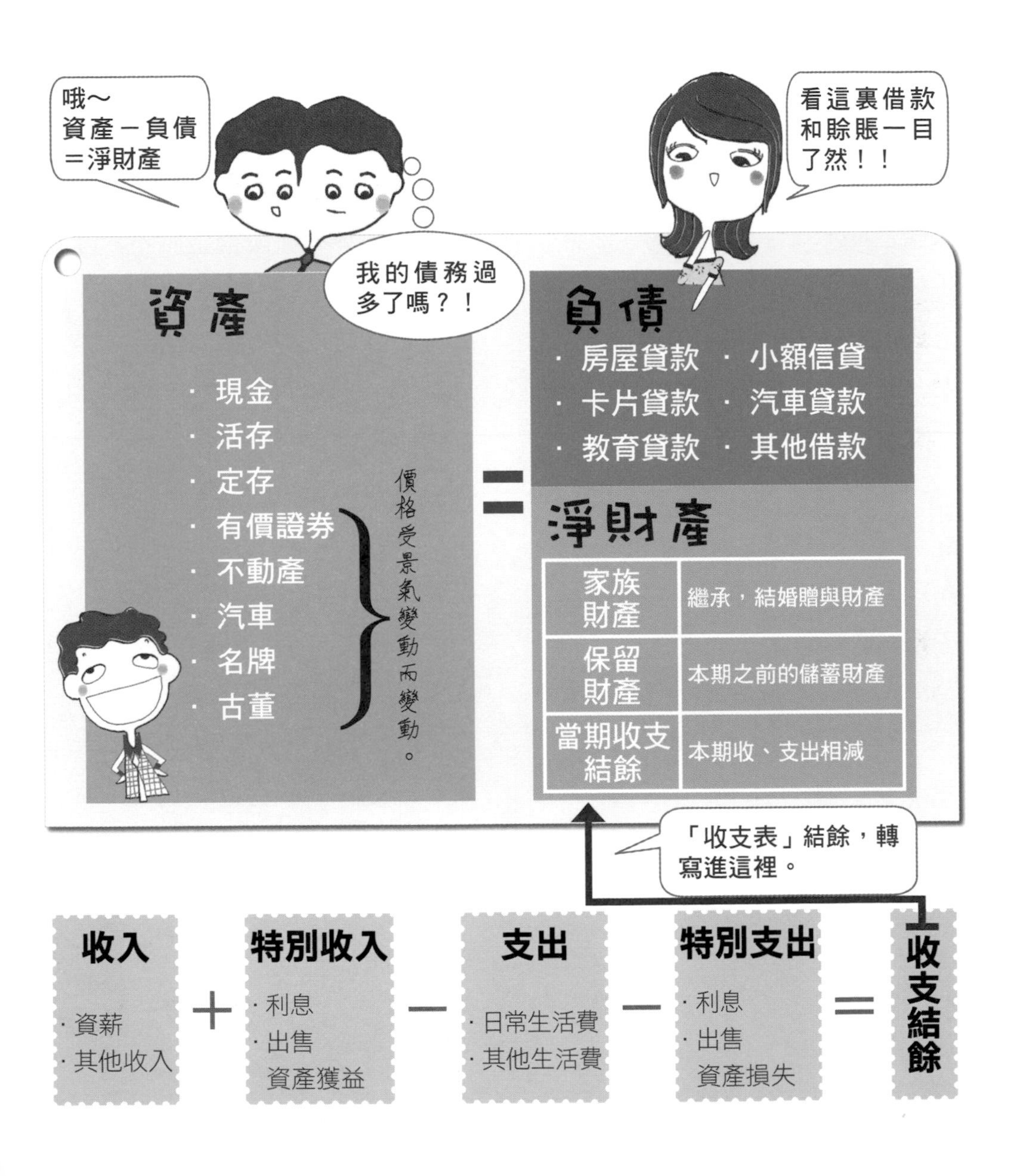

家庭財報的基礎認識 & D.I.Y　LESSON－2

什麼是資產

資產，是指具備市場價格並且能賣掉換成現金的所有東西。資產穩定就可以有備無患；如果資產屬於穩定度不高的，財務就比較容易受影響。

所以，辨別資產的特性很重要，透過以下幾種分類方式進一步認識並區分你的資產。

分類你的資產

A.按支付能力的穩定度

①穩定度較高

現金・存款・定期存款・有價證券・保險積金

②穩定度較低

不動產・汽車・名品・古董

B.按借入能力來

①能力較強

定期存款・有價證券・不動產・保險基金

②能力較弱

名品・汽車

C.按依時價定價與非依時價定價

①時價定價的資產

有價證券・保險積金・不動產・汽車・可賣高價品等

②非時價定價的資產

現金・普通存款・定期存款

D.按資產換現金所需時間

①馬上可以變成現金的

現金・普通存款

②要變成現金只需要較短時間

定期存款・有價證券

③變成現金需要較長時間

不動產・汽車・鋼琴類等高價品

● 資產現金化時間與支付能力的關係

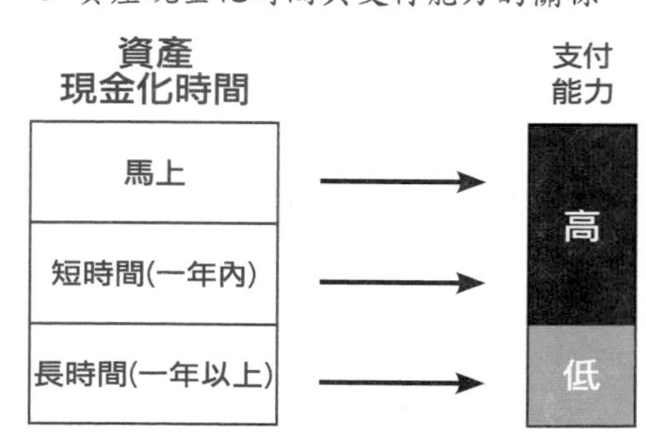

資產的分類

種類	內容	種類	內容
現金	貨幣（國內 國外）支票 旅行支票等	有價證券	股票 債券 證券投資信託的受益證券等
普通存款	銀行 郵局等金融機關的存款	保險積金	保險解約時可以退回的款項
定期存款	銀行 郵局等金融機關的定期性存款	車輛	歸自己所有的汽車 摩托車等可變現的東西
土地	歸自己所有的土地	具備市價的高價品	鋼琴 傢俱 飾品 書畫骨董、名牌等可賣高價品
建築物	歸自己所有的建築物和建築附屬設施	其他資產	押金 保證金 借給別人的借款 代付金
房子	歸自己所有的房子		

Key Point

第一次檢視資產除了要留心這些資產「金額多少」外，也要分辨那些資產的素質。比方說，名牌包很多而且單價高，就要對應到名牌衣飾屬於穩定度低、變現力差的資產。如果你的資產整理出來是一疊房契地契卻缺乏現金，就必需知道，你的資產屬於穩定力低、借入能力強的。依此類推。

當然，最基本的認識就是要清楚股票、土地等價值可能會大幅變動，而汽車、容易過時的珠寶則會隨時間而下跌。

家庭財報的基礎認識 & D.I.Y　LESSON - 3

什麼是負債

負債」是指將來必須歸還的債務，比如借款。

負債一般是由提前消費而產生。也就是說，用貸款購買想要的東西，如此就產生負債。

利用存款〈如現金〉購物和貸款購物的區別主要是在貸款必需支付利息。

和資產一樣，對於不同負債必需有辨別能力，懂得每種不同負債不同的屬性。當有貸款需求的時候，要配合自己的資金運用計畫選擇適合的貸款方式，例如，有長期資金需求就要選擇長期貸款(如住房貸款)，切忌「以短支長」——例如購屋的資金需求屬於長期用途，卻選短期信用卡借款就不正確了。

分類你的負債

負債可以透過以下幾種分類方式來區分：

A.按負債歸還時間長短分類

①歸還時間短

信用卡・現金卡・信用貸款

②歸還時間長

房屋貸款

B.按負債是否需要擔保來分類

①需要擔保的負債

住房貸款・汽車貸款

②不需要擔保的負債

現金卡・信用卡・教育貸款

C.按負債利息高低來分類

①利息高

現金卡・信用卡

②利息低

住房貸款

D.按負債的用途來分類

①購買資產的負債

房屋貸款・汽車貸款

②消費負債

信用卡・無擔保旅行貸款・分期郵購或電視購物

負債的分類

借長錢就不適合用在短期用途上。借短錢也不適合用在長期用途。

需有擔保品負債的恆優於不需擔保品的。

	歸還時間	擔保	支付利息
住房貸款	長期	要	低
教育貸款	中長期	不要	較低
汽車貸款	中短期	不要	較低
現金卡	短期	不要	高
信用卡	短期	不要	高

Key Point

區分債務的性質對社會新鮮人尤其重要——並不是只要借得進來的錢都是賺到了；也不是只要有債務發生都不應該。要視狀況而定。

家庭財報的基礎認識 & D.I.Y　LESSON - 4

什麼是淨財產

前面我們提過，資負表也叫平衡表，左側是資產恆等於右側負債加淨財產。

淨財產是什麼意義呢？

如果你現在把屬於你的資產換成現金，還掉負債，最後剩下的錢就是「淨財產」。所以，淨財產是你家眞正的財產。

淨財產的三種模形式

淨財產又分爲三種形式：家族財產，保留財產和當期收支結餘。

所謂「家族財產」就是因爲繼承或贈與從家族中獲得的財產；「保留財產」是在你這一期的結算之前，經過自己工作或投資所獲得的財產；「當期收支結餘」就是這一期把家中收入、支出結算之後所得的餘額。如果收支表是一年就是年度收支結餘，如果是一個月就是當月收支結餘。在本書後面，爲了讓大家練習，則採用每天的收支結餘。

淨財產可以很客觀的衡量出你的「身價」，這個「身價」無意當成是社會地位的標準或身份的logo，卻可以很眞實的讓你了解自己的經濟狀況。

● 淨財產分為三個部分

家族財產	→	繼承、贈予
保留財產	→	去年為止積蓄的財產
當期收支結餘	→	這一期結算的結果 (可以是年、月、日，可能是"正"，可能是"負")

資產的素質很重要

資產與負債的品質如何？變現性高不高？折價率如何？

景況好的時候，資產一直增值。

面 額 100,000 有價證券

名牌珠寶 ＋ 頂級轎車 ＋ 股票數億 ＋ 豪華別墅 ＝ 身價5億

景況差的時候，資產雄厚往往也受傷愈重。

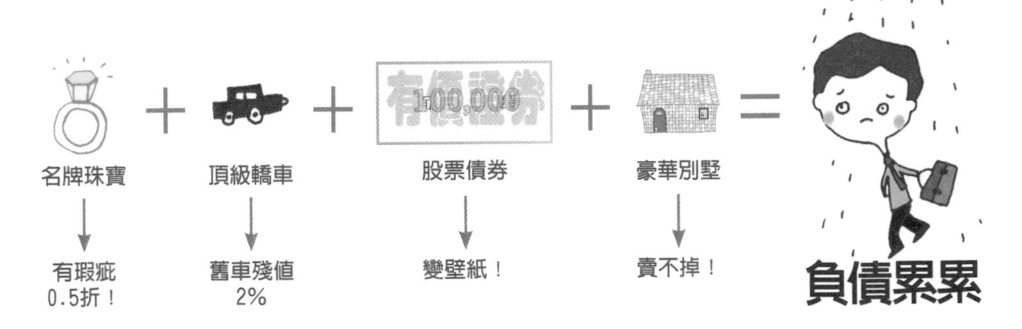

◎ **銀行催債加強中……**

家庭財報的基礎認識 & D.I.Y　LESSON - 5

什麼是收入與支出

收支表中大分爲收入、特別收入、支出、特別支出。這裡先就大家熟悉的收入與支出談起。

收入與支出的分類

A.按照固定、變動、臨時進行分類

收入和支出可以分爲：

①固定的收入與支出

定額→薪資・房租・保險費等

②變動的收入與支出

變化→兼職收入・日用雜貨・通信費等

③臨時的收入與支出

暫時→樂透彩・旅遊費・交際費等

B.根據自己是否能管理來分類

①能管理的

日常生活費・其他生活費・兼職

②不能管理的

每月薪資・稅金・社會保險費等

C.產生收入和支出是否需要時間

①能夠馬上入款或出款

薪資・日常生活費・其他生活費

②出款在1-2個月後

信用卡消費

③入款或出款時間緩慢

土地・建築物・股票等定價損益

特別收入與特別支出的分類

特別收入和特別支出的“特別”在於這些項目受到家庭收支外部經濟因素影響。以特別支出而言，雖然可以由支出原因（金錢花費的方法）來加以控制，但受到外部因素的影響特別支出往往還是存在。這也就是爲什麼要把它獨立出來討論的原因。

家庭收支表的“收入”和“支出”指家庭主要的生活部分，它們通常可以透過自己努力能夠控制。“特別收入”和“特別支出”受到他人（家庭外部的經濟環境等）影響，因此有必要加以判斷。

特別收入與特別支出

● 特別收入

1 利息分紅
（存款利息・股票分紅）

2 受贈金
（失業補助）

3 資產價格利潤
（資產產生的利潤）

4 有價證券售出利潤

特別收入主要是因為金融資產產生的利潤和金融交易所取得的收入。

● 特別支出

1 房貸利息
（房租貸款利息）

2 其他利息
（小額借貸利息）

3 資產價格虧損
（資產產生的虧損）

4 有價證券售出虧損

特別支出是房屋貸款等所支付的利息、資產價格虧損、資產售出虧損等產生的開銷。

Key Point

觀察收支表，如果影響收支結餘重要的原因是「特別支出」，常常會叫人有很深的無力感，因爲這是外部因素影響家計的訊息。表示自己辛苦賺來的錢不是花在生活、休閒等等，而是貢獻在與家不相干的一班人。比如銀行或投資失利、景氣差資產跌價等。

收支表的類別和內容

收入部分

薪資	從工作地獲得的工作報酬，包括各種報酬在內的總額
獎金	從工作地獲得的臨時報酬
家族收入	家族成員兼職，打工的收入
養老金/其他收入	養老金和其他臨時收入（副業收入，稿費等）

支出部分

【稅金】	
所得稅	所得稅
社會保險費	勞保、健保費等
其他稅金	土地稅、房屋稅等
【日常生活費】	
食費	家中伙食材料費
居住費	房貸本金 房租
通信費	電話費 網路 有線電視
交通費	交通費 上下班交通費 上學放學交通費 汽油費等
水電瓦斯費	電費 水費、瓦斯費等
報紙書籍費	報紙 雜誌 書籍費用等
日常消耗品	家務廚房用品 園藝用具 一般雜物等消費
【其他生活費】	
外食費	餐飲店、咖啡館
交際費	紅白喜事相關費用
旅遊費	家族旅遊 娛樂 休閒費用
教育費	學費 補習費、學習培訓費 文具費 教科書 參考書等
衣物費	衣服、鞋子、飾品、配件、洗滌費用等
醫療費	門診掛號、診查、健康食品、赴醫療院所往來交通費

特別收入

利息 分紅	存款利息 股票等的分紅
受贈金	禮金，獎金 信用卡折扣、保險金
資產價格利潤	不動產、 有價證券等的價差利潤
有價證券售出利潤	不動產、 有價證券 、車等的售出利潤等

特別支出

住房貸款利息	購買房屋或裝修的借款利息
其他利息	教育汽車貸款 信用卡貸款等住房屋貸款外的貸款利息
資產定價虧損	不動產 有價證券 汽車等的定價虧損
有價證券售出虧損	不動產 有價證券 汽車等的售出虧損

Key Point

支出分類最好是以用途來分。比方說，同樣是「喝茶」，買茶回家自己泡，就算是伙食費；下午到便利超商買罐茶可算是零食；跟朋友到館子喝茶談天就算是外食或交際費。

家庭財報的基礎認識 & D.I.Y　LESSON－6

資負表與收支表的關係

透過資負表和收支表之間相互的關聯，可以瞭解家庭生活的全部。

範例將逐步進行說明：

① **期初與期末資產變化**

② **現金與信用卡消費異同**

③ **借款與還款財報變化**

範例基本資料：

某家庭資產1000，負債300，淨財產為700。淨財產中包括家族財產500，保留財產200，收支結餘為0。

2006年度收支表收入500，支出310，特別收入20，特別支出5。（△為負值的表示方法，以下皆同。）

期初資產負債表

資產	負債／淨財產
資產 1000	負債 300
	淨財產 700
	家族財產 500
	保留財產 200
	收支結餘 0

收支表

項目	金額
收入	500
支出	△310
稅	△10
日常生活費	△200
其他生活費	△100
特別收入	20
特別支出	△5
收支結餘	205

①資產負債

期初期末的變化關係

期末資產負債表

資產	負債 300
資產 1205	淨財產 905 家族財產 500 保留財產 200 收支結餘 205

收支表

項目	金額
收入	500
支出	△310
稅	△10
日常生活費	△200
其他生活費	△100
特別收入	20
特別支出	△5
收支結餘	205

Key Point

在2006年底，收支結餘有205，把它移到淨財產項下就增加了205，也就是資產增加了205，變成1205。

②-1現金or賒帳

以現金100消費

資產負債表

資產	負債
資產 1105	負債 300
	淨財產 805 家族財產 500 保留財產 200 收支結餘 105

收支表

項目	金額
收入	500
支出	△410
稅	△10
日常生活費	△200＋100
其他生活費	△100
特別收入	20
特別支出	△5
收支結餘	105

Key Point

以前圖為基礎，採現金100付費購物時，收支結餘是105，淨財產三個相加成為850。因為沒有動用到負債，所以負債的300不變。

②-2現金or賒帳

以刷卡100消費

資產負債表

資產	負債
資產 1205	負債 400
	淨財產 805 家族財產 500 保留財產 200 收支結餘 105

收支表

項目	金額
收入	500
支出	△410
稅	△10
日常生活費	△200＋100
其他生活費	△100
特別收入	20
特別支出	△5
收支結餘	105

Key Point

不管是用現金、還是信用卡花掉100元，在「收支表」結餘是同樣的，可是用信用卡消費在資負表上面的「資產」會增加100元！如此看起來好像錢變多了，可是，負債也增加了100元。但淨財產卻不因為你是使用現金，還是信用卡都維持一樣的805元。

③-1貸款

向銀行借1000時

資產負債表

資產	負債 1300
資產 2205	淨財產 905 家族財產 500 保留財產 200 收支結餘 205

收支表

項目	金額
收入	500
支出	△310
稅	△10
日常生活費	△200
其他生活費	△100
特別收入	20
特別支出	△5
收支結餘	205

Key Point

借款1000資產增加了1000。負債也增加了。借款初期收支表完全不變。

假設這些錢是年利20%的小額信貸，分5年還，如此等於第一年還200的利息〈1000×20%〉、200的本金〈1000÷5〉。一年後財報的變化將如③-2。

③-2貸款

向銀行借1000一年後

資產負債表

資產	負債、淨財產
資產 1805	負債 1100 (1300－200)
	淨財產 705 家族財產 500 保留財產 200 收支結餘 5

收支表

項目	金額
收入	500
支出	△310
稅	△10
日常生活費	△200
其他生活費	△100
特別收入	20
特別支出	△5+200
收支結餘	5

Key Point

因為特別支出增加了利息支出200，淨財產剩下705。由於每年得還200的負債，所以負債也少了200，總資產就變成1805。

流水帳v.s財報

範例：精明與呆子兩家的資產都是1000、負債500，不同的是精明房貸本金付127，利息付53；呆子房貸每年本金付60，利息付120。

雖然有這樣的不同，但由流水帳的記法，兩家人是完全一模一樣的記錄方式。因爲房貸都是180。

流水帳記法的收支表

精明生生			呆子先生		
收入			**收入**		
薪資		700	薪資		700
其他收入		0	其他收入		0
合計		700	合計		700
支出			**支出**		
稅金等		100	稅金等		100
日常生活費		175	日常生活費		175
其他生活費		400	其他生活費		400
教育費	125		教育費	125	
汽車費用	95		汽車費用	95	
房屋貸款	180		房屋貸款	180	
合計		675	合計		675
收支結餘		25	收支結餘		25
精明的資產			**呆子的資產**		
1000＋25＝1025萬元			1000＋25＝1025萬元		

單由「收入減支出」兩家人的收支結餘都是25，加上原有資產1000，都成爲1025。

由流水帳的記錄方式，看不出任何差異，但從家庭財報看，不同的地方就很明顯。精明的收支結餘是152。呆子的收支結餘是85。

財報記法的收支表

精明先生			呆子先生		
收入			**收入**		
薪資		700	薪資		700
其他收入		0	其他收入		0
合計		700	合計		700
支出		△495	**支出**		△495
税金等		△100	税金等		△100
日常生活費		△175	日常生活費		△175
其他生活費		△ 220	其他生活費		△ 220
教育費	125		教育費	125	
汽車費用	95		汽車費用	95	
特別收入		0	**特別收入**		0
特別支出		△53	**特別支出**		△120
房貸利息	53		房貸利息	120	
當期收支結餘		152	**當期收支結餘**		85

精明先生範例

精明家的資產變化

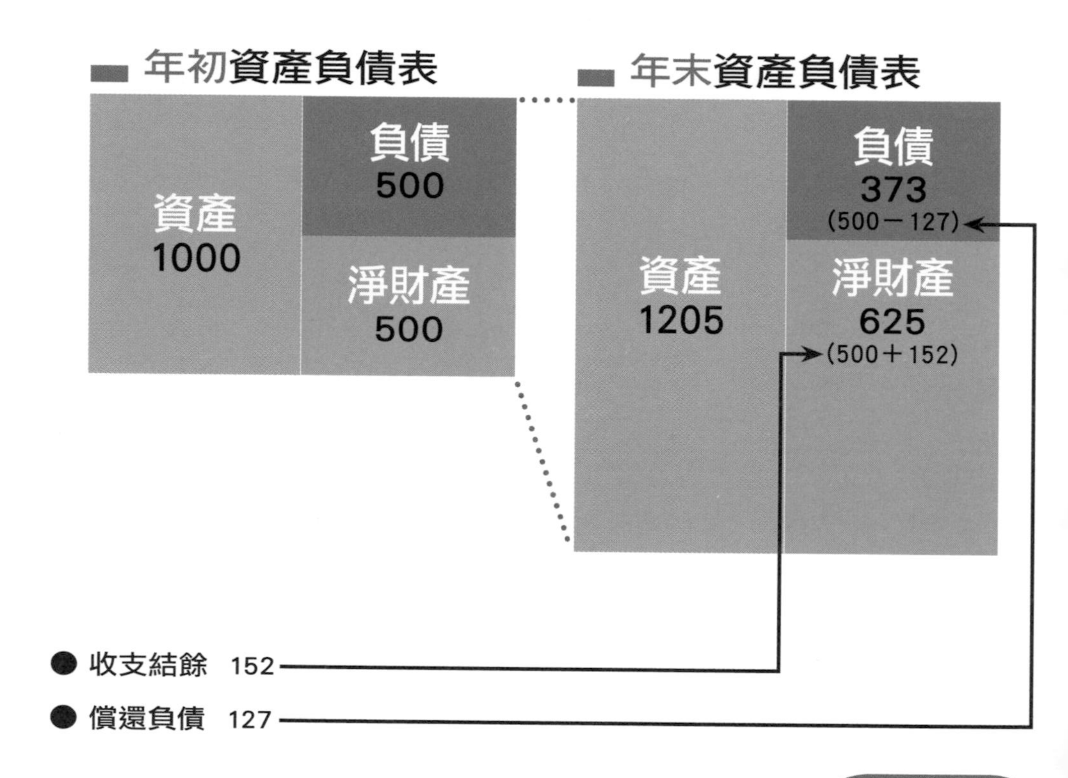

Key Point

精明先生的淨財產增加了152，也就是原本500，現在變成652。

負債方面因爲償還了127，所以本來有500，現在變成373。

資產的部份是：

$$\begin{array}{r} 373 \\ +\ 652 \\ \hline 1025 \end{array}$$

呆子先生範例

呆子家的資產變化

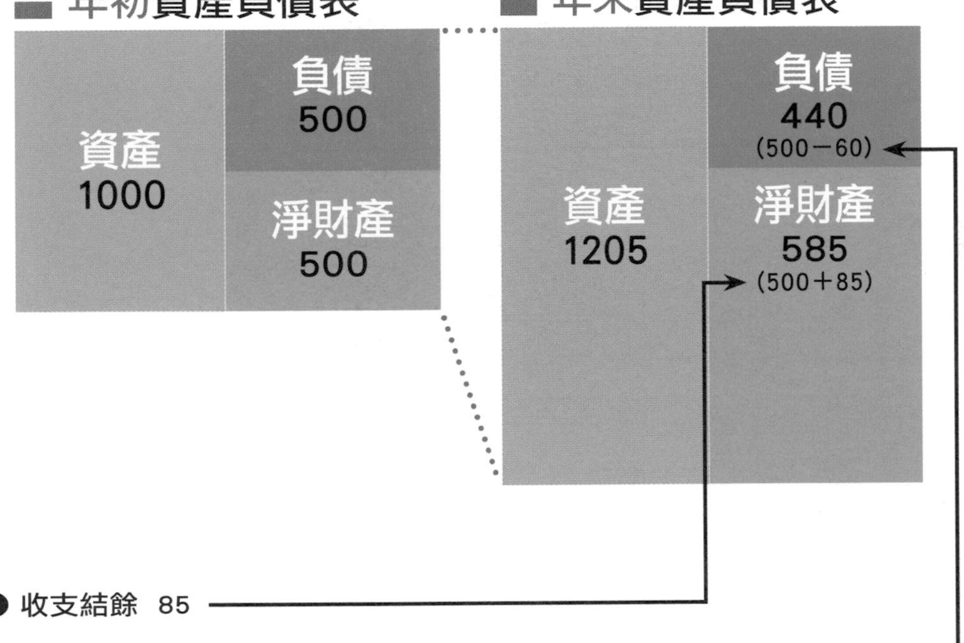

Key Point

呆子先生的淨財產增加了85，也就是原本500，現在變成585。負債方面因爲償還了60，所以本來有500，現在變成440。

資產的部份是：

$$585 + 440 = 1025$$

兩人資產雖然一樣，可是以淨財產比，精明先生比呆子先生多了67：

$$652 - 585 = 67$$

如果把當年度利息繳納的差額相比，也是67。

$$120 - 53 = 67$$

COLUMN

看財務報表的幾個重點

精明與呆子兩位先生收入一樣、支出一樣，連房貸所繳的錢也一樣，可見消費水準是差不多的，但是把一年後他們的淨財產拿來比較精明先生就是比呆子先生多了67(652−585)。

爲什麼會有區別呢？

由收支表看，精明先生的消費損益爲正152，呆子先生爲正85。

可以很清楚的看到，差額的原因在於住房貸款利息這項特別支出。精明先生付出利息是53，呆子先生的利息是120，利息差額是67。因爲利息金額高了67，導致當期收支少了67。

當前收支結餘的差額＝152－85＝67

利息差額＝120－53＝67

像這樣，能透過財報看到一般流水帳所不容易被發覺的問是，就是要製作財報的目的。

留心家計中非現金的進出

它是否提供了你另一種看家計的角度呢？

有喜歡的東西，但現金不足就利用廠商所提供的「分期付款」應該很多。

說實在話，分期購物眞的很方便，以前覺得要等很久的商品，一下子就搬回家了，而手中的現金仍然維持充裕，所以看著存褶還信心滿滿，可是，若由家庭財報整體來看，許多隱藏在背後、會嚴重影響資產結構的數字就會清楚的浮上檯面了。

掌握有用的關鍵數字

雖然有了正確的判讀家計的工具——財報很重要，不過，怎麼看？看什麼才是重點。

透過財報要看出問題所在不是件容易的事，但看家庭財報這種事也沒有專家，你只要盯著自己關鍵的、在意的數字變化就好了，不必去強調什麼負債比啦、現金流動速度啦……只要是你聽不懂的字眼、計算起來很複雜的公式都可以不理會。因爲同樣是處理數字的問題，以數學的角度只有一個答案，以財務的角度卻有千百種答案。比方說夫妻兩人，妻子可能很在意退休可以存下多少養老金的問題；但丈夫在意的卻是投資收益的問題，所以，丈夫看的可能是如何活用資產獲利的問題。

目前許多保險公司或投資公司也會幫客戶製作家庭財報，在一番聽起來很有道理的解釋之後，可能會鼓勵你調整保單啦或買什麼什麼之類的，在行動之前，請再次想想自己的需求吧！當你面對那麼多財報數字時，只要看自己最在意的數字就好了，若是每個數字都把它當成很重要，那麼，有跟沒有這堆數字其實是差不多的。

具體來講，如果你在意的是因負債引起的利息(特別支出)，不妨自己設定一個降低特別支出50%計劃，爲了達到這個目的，你可能可以選擇「資產重整」，處理掉一些手邊用不上的資產或出息不佳的投資，還掉負債，以減少利息的支出。

以家庭而言，「現金」還是相對重要的，因爲現金是任何方面都可以使用的資產，如果還不是很熟悉，就從財報中的現金部份下手吧！

20.30.40歲

如何利用個人財報

財報，它不會叫你進行痛苦的節約或是執行什麼偉大的賺錢計畫，但卻讓人在關鍵時刻做最正確的判斷。

本章舉了三個例子做比較。

不同年齡層的財報用法　LESSON－1

20歲如何活用家庭財報

天眞與麻辣是同齡的同事，兩人很早就有出國旅行計畫，並於今年終於成行，假設這趟旅費需要10。

至目前爲止今年兩人的資產都有100，且平均年收入是50，年支出是40，也就是沒有特別支出的情況下一年可結餘10。

不同的是，兩人爲了完成今年這個夢想，天眞利用貸款支付旅費；但麻辣則是以自己的存款支付。

我們看看這一趟旅行的開始到之後的5年，兩人的財報因爲消費的方式不同有什麼影響。

同事二人組的海外旅行計畫：

天眞：借款旅行
麻辣：存款旅行

資產負債表

資產	淨財產
100	100

收支表

項目	金額
收入	50
支出	△40
每年收支結餘	10

貸款消費

旅行開始 （範例人物：天真小姐）

貸款前資產負債表

資產
100

淨財產
100

貸款後資產負債表

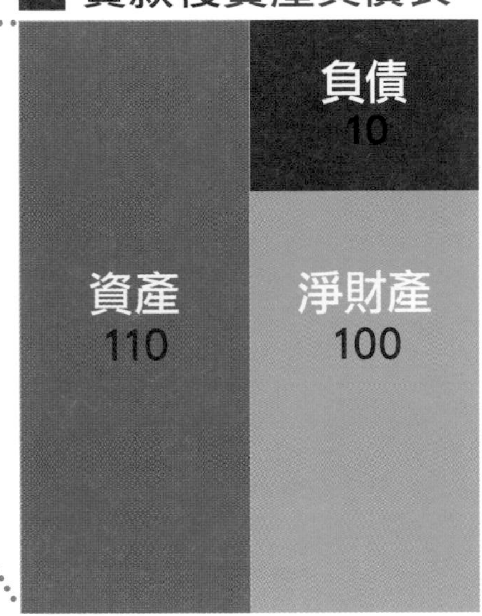

Key Point

天眞以年利率20%，分5年攤還，每年還2本金的方式向銀行貸款旅行。借貸時資產是：

$$\begin{array}{r} 100 \\ +\ 10 \\ \hline 110 \end{array}$$

可能會有資產增加的錯覺。實際上負債也增加了10，而淨財產（資產－負債）是不變。

貸款消費

旅行回來時

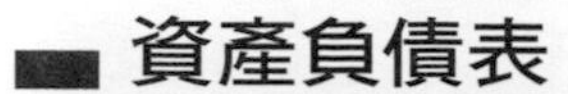

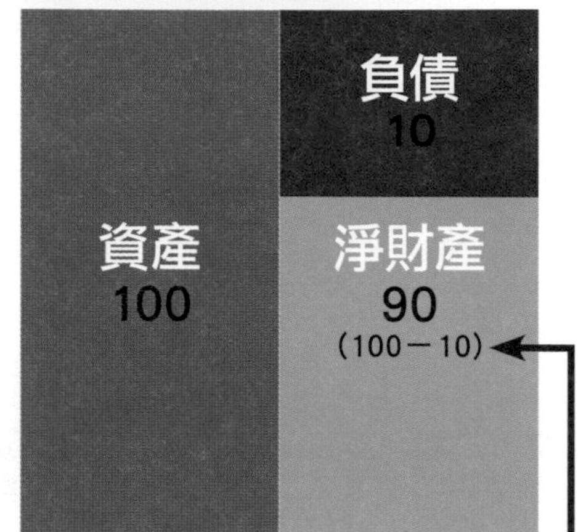

收支表

收入	0
支出	△10
旅行費	△10
當時收支結餘	△10

Key Point

借款旅行本來口袋有100，出門玩了一趟，口袋還是有100，天真並沒有注意到淨財產只剩90，而負債也增加了10。

貸款消費

旅行回來1年後

資產負債表

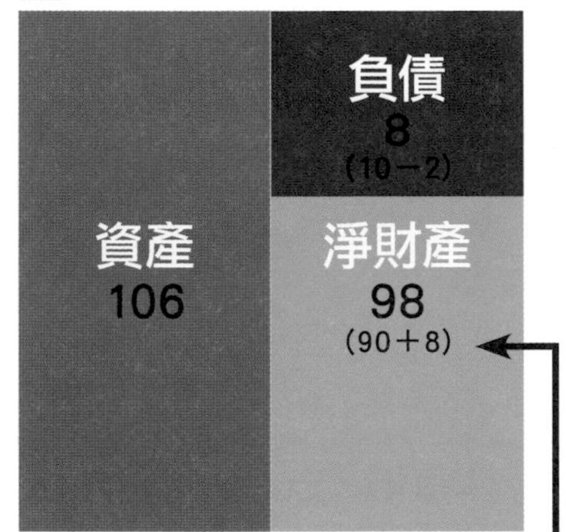

收支表

項目	金額
收入	50
支出	△40
特別支出(利息)	△2
年度收支結餘	8

Key Point

旅行回來後當年度的收支表中增加了「特別支出」2↑（10×20％）。因此，收支結餘變成8，負債部份因爲本來是10，還了2之後還剩8。

貸款消費

旅行回來2年後

資產負債表

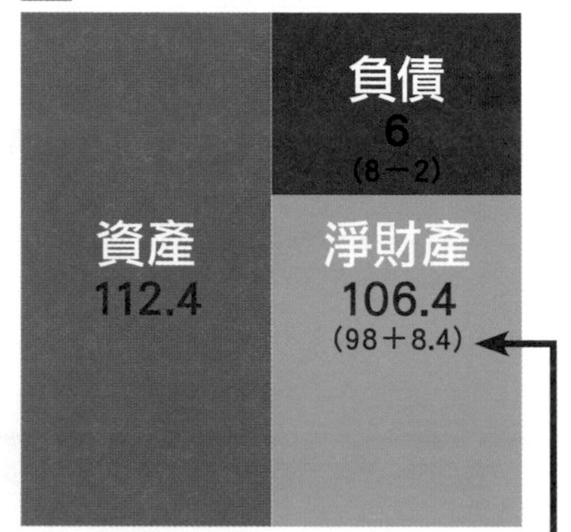

收支表

項目	金額
收入	50
支出	△40
特別支出(利息)	△1.6
年度收支結餘	8.4

Key Point

旅行後回來的第二年，利息支出是1.6（8×20％），同樣的今年也要支付2的負債，負債還剩6。

貸款消費

旅行回來3、4、5年

年度	利息支出	每年收支結餘
第3年	6×20%＝1.2	50－40－1.2＝8.8
第4年	4×20%＝0.8	50－40－0.8＝9.2
第5年	2×20%＝0.4	50－40－0.4＝9.6

Key Point

天眞回來後第3年到第5年每年收入的結餘如上。

貸款消費

還完貸款的財報 (第5年)

資產負債表

資產	淨財產
134	134 (106.4+8.8+9.2+9.6)

收支表

項目	金額
收入	50
支出	△40
生活費	△40
特別支出(利息)	△0.4
年度收支結餘	9.6

Key Point

一趟旅遊花五年攤還完畢到底划不划算？單獨看比較不出來，但若跟同事麻辣相比就很清楚了。

存款消費

旅行開始

（範例人物：麻辣小姐）

旅行前資產負債表

資產	淨財產
100	100

旅行後資產負債表

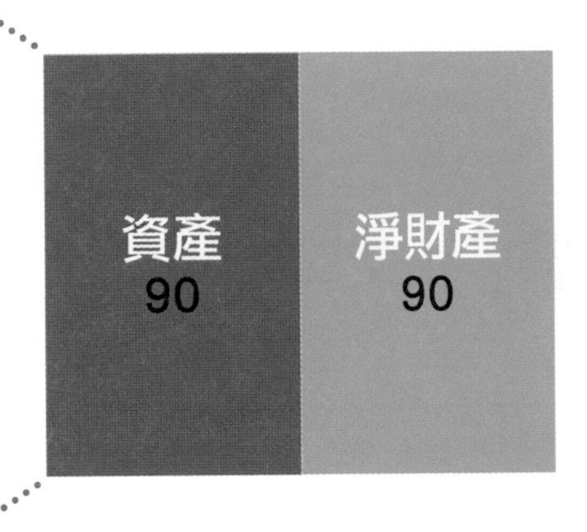

Key Point

麻辣要出國時是從存款中取出10支付旅費的。一趟美麗的旅行花掉了麻辣10的淨財產，哇！有點心疼。資產一口氣就少10！變成只有90。

存款消費

旅行回來1年後

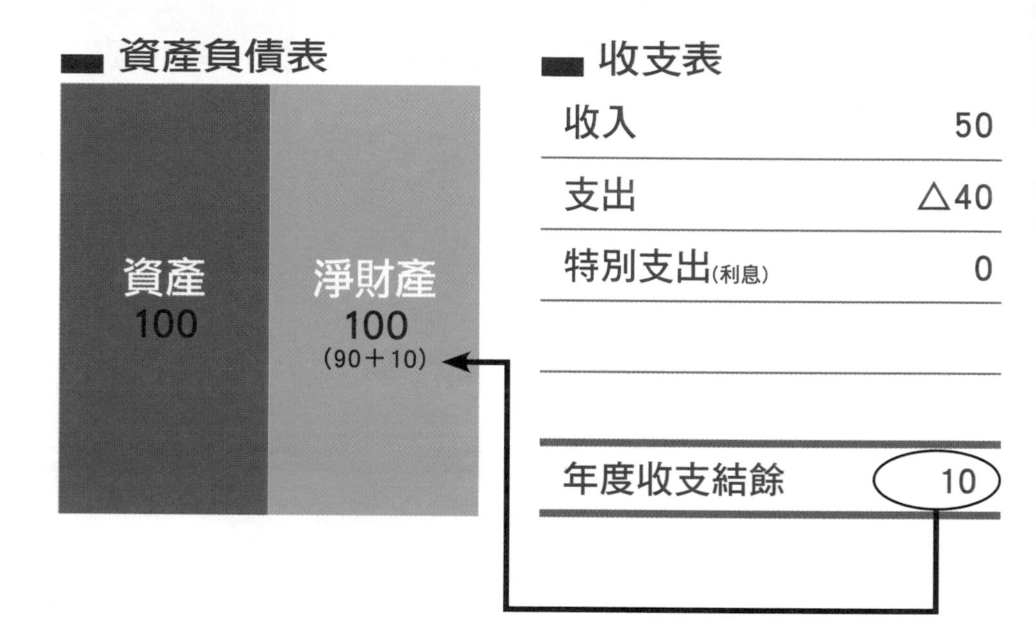

Key Point

1年後，資產是：

$$\begin{array}{r} 90 \\ +\ 10 \\ \hline 100 \end{array}$$

淨財產也是100。因爲沒有貸款，所以不用支付利息。

存款消費

旅行回來2年後

資產負債表

資產	淨財產
110	110 (100+10)

收支表

項目	金額
收入	50
支出	△40
特別支出(利息)	0
年度收支結餘	10

Key Point

每年麻辣以增加財產10的速度行進中。

存款消費

旅行回來3、4、5年

年度	利息支出	每年收支結餘
第3年	0	50-40=10
第4年	0	50-40=10
第5年	0	50-40=10

Key Point

旅行的美好回憶時時回到夢中，啊，麻辣眞想再去旅行一次。

不過，天眞就沒有那麼「好命」。因爲天眞正在一面努力工作一面努力還錢中。

存款消費

麻辣小姐的財報 (第5年)

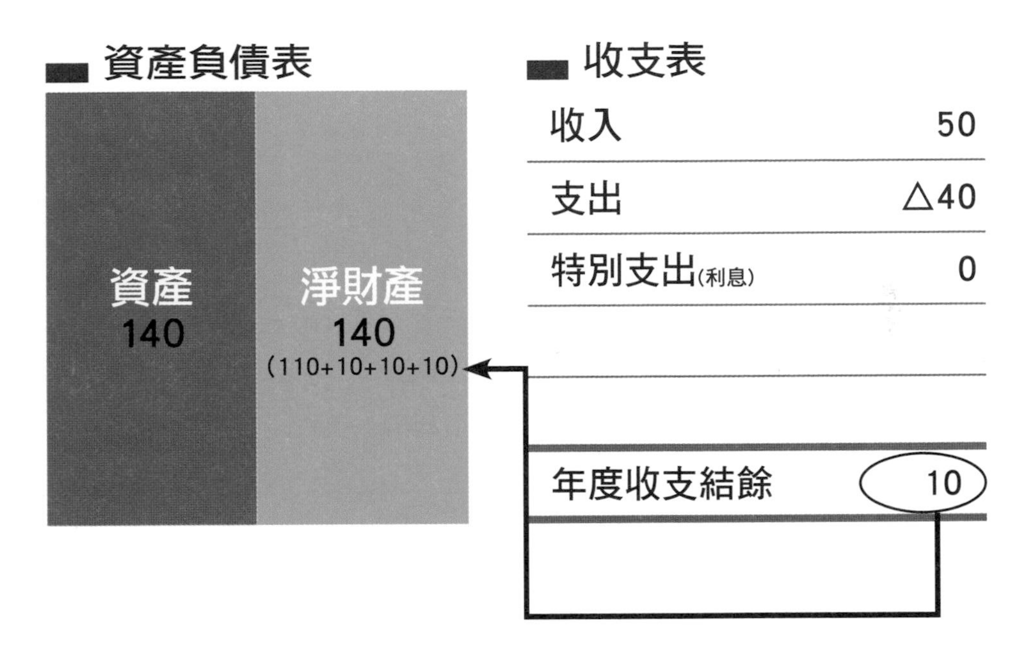

Key Point

麻辣因爲不用付利息，5年後是140，比剛開始的淨財產增加了40。

COLUMN

意識到利息是一種浪費

最開始，天真與麻辣的財產對照表完全相同。5年後雖然借貸旅行的天真已經把借款還清，但跟麻辣相較財產還是減少了。這其中最大的差別就在於「利息」。

但是，一開始的時候並不容易查覺利息對生活有何種影響，而且因爲借貸使得資產一口氣變多了，所以如果相較兩人要去旅行之初，天真資產有110，麻辣只有90。但5年下來，麻辣資產是140，天真只有134，兩人相差了6，剛好是這幾年的利息支出(2+1.6+1.2+0.8+0.4)。

負債（借款）是由於提前消費引起的。也就是，享受在前，先消費後償還利息。

所以，利息對生活而言是一種浪費，除非有更好的理由，否則不要輕易借錢。

因爲借錢是淨財產減少的重要原因。

如果個人或家庭有借款的話，一定得使用家庭財報，因爲它不止顯示一年的家庭收支，透過資負表與收支表可以一年一年的看出家庭財產的變化，它的連繫性與記錄性會讓個人在財務分配與判斷上更有自信與智慧。

有關旅行付費
採用那種辦法好呢？

天眞的辦法

採分期付款

資產 110

負債 10

淨財產 100

說明：

數數口袋的錢一毛也沒少，因爲是分期，負債分5年小額攤還，但五年下來，跟麻辣相比，兩者財力竟相差一大截。

麻辣的辦法

由儲蓄中提款

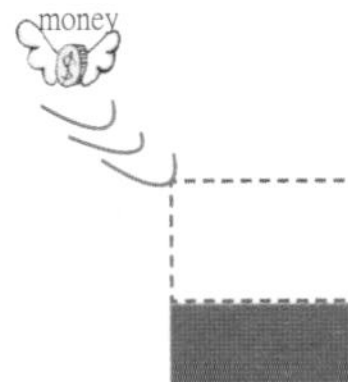

資產 90

淨財產 90

說明：

一口氣存摺就少了很多錢，但是可以慢慢的賺回來。

因爲沒有利息支出，也不用有歸還本金的壓力。

不同年齡層的財報用法　LESSON - 2

30歲如何活用家庭財報

30多歲的烏雲先生與晴天先生兩人是研究所同學，畢業之後兩人的父母均給他們資產100。且兩人同在企業上班，今年他們開始有收入，也一起開始使用信用卡。

信用卡實在很方便，既有紅利積點、用餐折扣、停車免費、認同卡又有折扣，好處實在太多。

烏雲先生對信用卡那種買東西不用付現金的方式完全沒有戒心，因爲資產（現金）並不因刷卡而短少；但晴天先生在第一個月就從財報中發現淨財產已經速速下降而急踩煞車。以下是他們的財報日記。

（信用卡版） 基本資料：最初兩人財報相同

烏雲先生：瘋狂刷手
晴天先生：理性刷手

● 社會新鮮人的財報日記：

資產負債表

資產 100	淨財產 100

收支表

收入	20
支出	△18
每月收支結餘	2

瘋狂刷卡

上班的第1個月 （範例人物：烏雲先生）

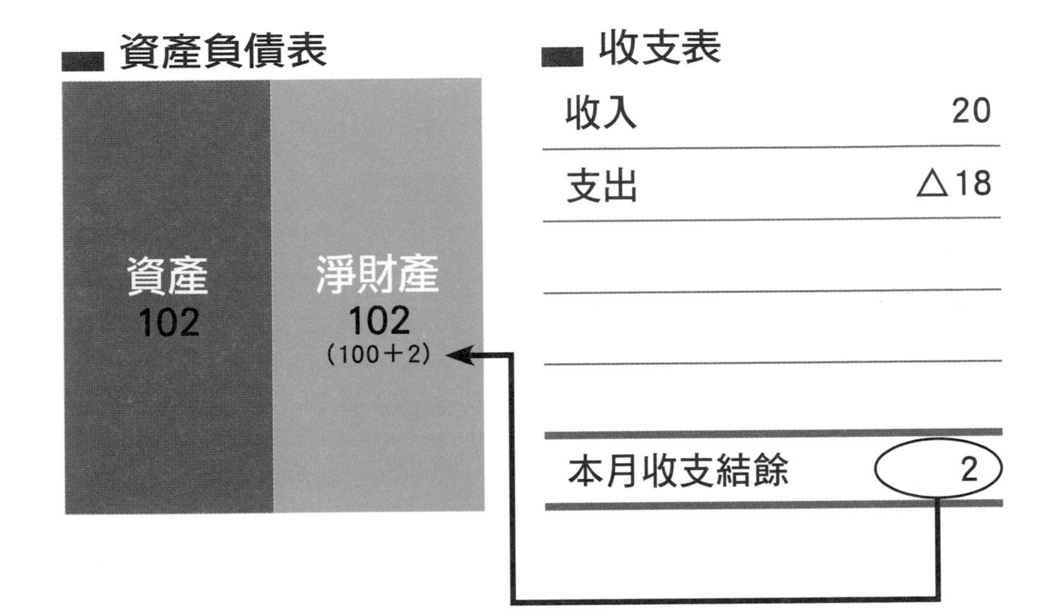

Key Point

本月開始上班也剛辦了信用卡。

瘋狂刷卡

利用刷卡消費的當時

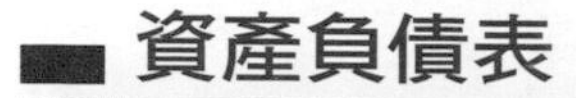

■ 資產負債表

資產	負債
資產 102	負債 10
	淨財產 92 (102－10)

■ 收支表

項目	金額
收入	0
支出	△10
上班行頭	△10
當時收支結餘	△10

Key Point

烏雲跟同事晴天一起到了百貨店的名品街，心想已經開始當上班族了，當然得買買有體面的行頭……。

這一趟，烏雲和晴天都買了基本生活費外多10的名牌商品。卡費的支付一般是在消費之後第2個月的月末才是繳款期限，所以，從資產上看烏雲沒有任何不安。

使用信用卡購物會使負債增加，資產還是不變仍是102，但淨財產就減少了，只剩92。

瘋狂刷卡

上班後第2個月

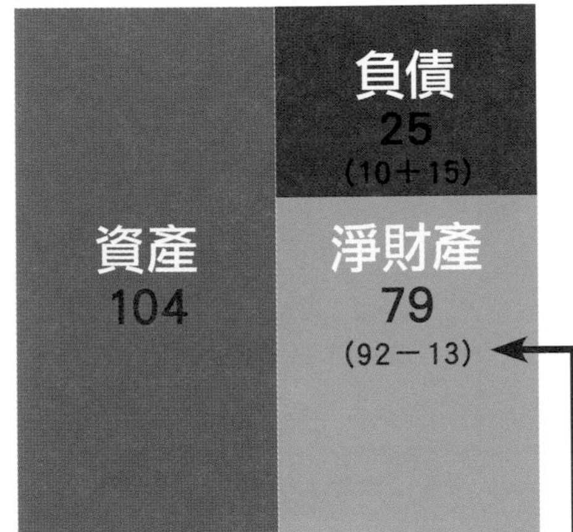

收支表

項目	金額
收入	20
支出	△33
生活費	△18
家飾	△15
本月收支結餘	△13

Key Point

第二個月，烏雲先生感覺不到資產的減少（實際上也沒有減少，只是淨財產減少），又比平常多消費了一些其實是不太需要的家飾（奢侈品）15。所以負債就變成25←（10＋15）。

瘋狂刷卡

上班後第3個月

資產負債表

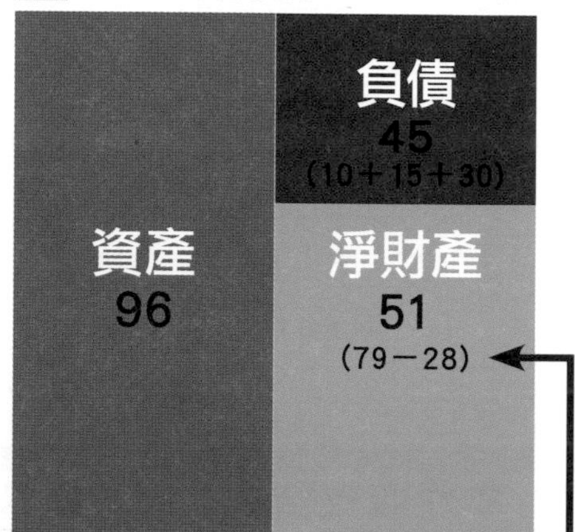

收支表

項目	金額
收入	20
支出	△48
生活費	△18
旅行費	△30
本月收支結餘	△28

Key Point

月初，烏雲收到帳單了……

「只不過才用了10嘛！」才開始用卡，手邊本來就還有些資產（現金），所以如期把卡費還了。

烏雲先生又跟朋友用信用卡做了一次短期旅行，在基本生活費用外又多了30。

月底了，旅行回來後，

烏雲覺得很不對勁，跟初出社會相比，資產從100變爲96，但淨財產已經從100變爲51，下降了49。

心想，我刷過頭了……

瘋狂刷卡

上班後第4個月

資產負債表

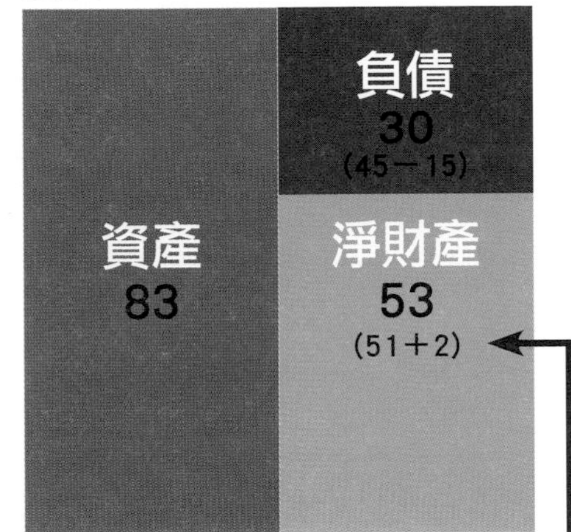

收支表

收入	20
支出	△18
生活費	△18
本月收支結餘	2

Key Point

烏雲現在已經發現了，不當使用卡片，代價很高，所以第4個月、第5個月不使用信用卡，並且依照所來的帳單付掉信用卡費用。

瘋狂刷卡

上班後第5個月

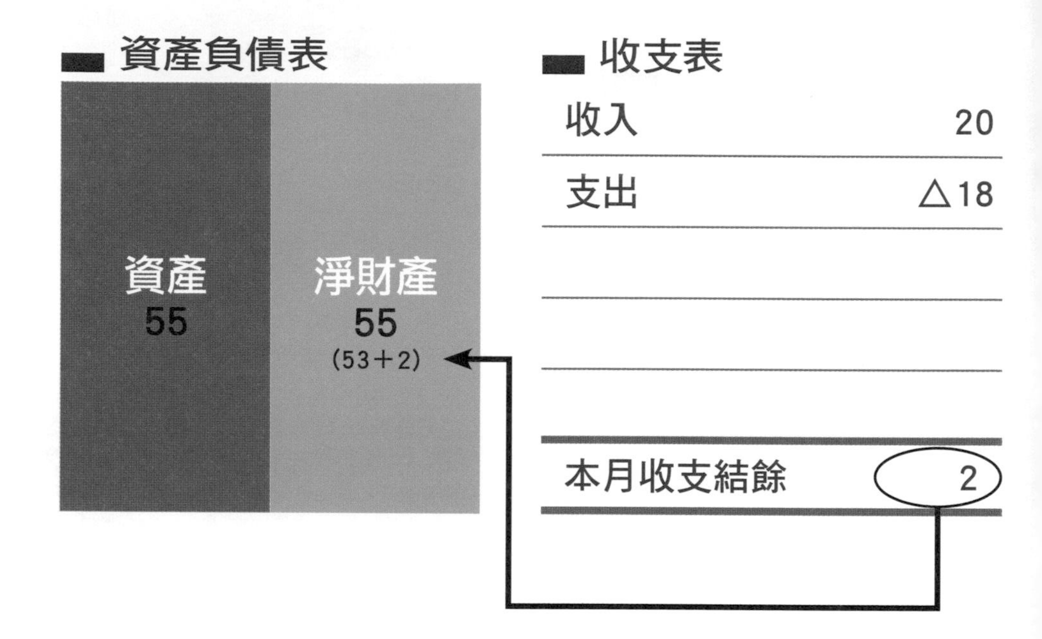

Key Point

五個月後資產變成55，短短的一些時間就刷掉45，對月收入20的上班族來說，比例偏高了。

COLUMN

一口咬掉資產的卡費

烏雲先生是位好的信用卡使者嗎？

從他付款的方式看的確是不錯，他並沒有因爲付不出帳單而動用循環利息，所以，並不存在月利息不知不覺吃掉財產的問題，可是，因爲信用卡的消費讓支出擴大，所以淨財產一再降低，如果他沒有改變消費習性，手中將會因爲沒有變現性高的資產——現金，可以支付，而形成資金周轉困難的窘境，再這樣下去可能會落入以債養債借錢過日子了。

在這個例子中，並沒有特別指明烏雲資產100的詳細內容是什麼，試想，如果資產100中有80是房子，20是現金，以他這樣的消費方式，若不是動用循環息，就只能以房子當擔保品貸款以償還卡費。

烏雲先生一開始並沒有意識到使用信用卡使眞正的財產減少，因爲卡費的繳款日期是在2個月之後才開始感受到那種壓力的，不過，如果你是採用財報記帳，信用卡每一筆消費都是記錄在「負債」，警惕心應該就比較高了。總會比到了要償還負債時才發現資產一口氣就下降來得不心疼吧！

理性刷卡

上班的第1個月 (範例人物：晴天先生)

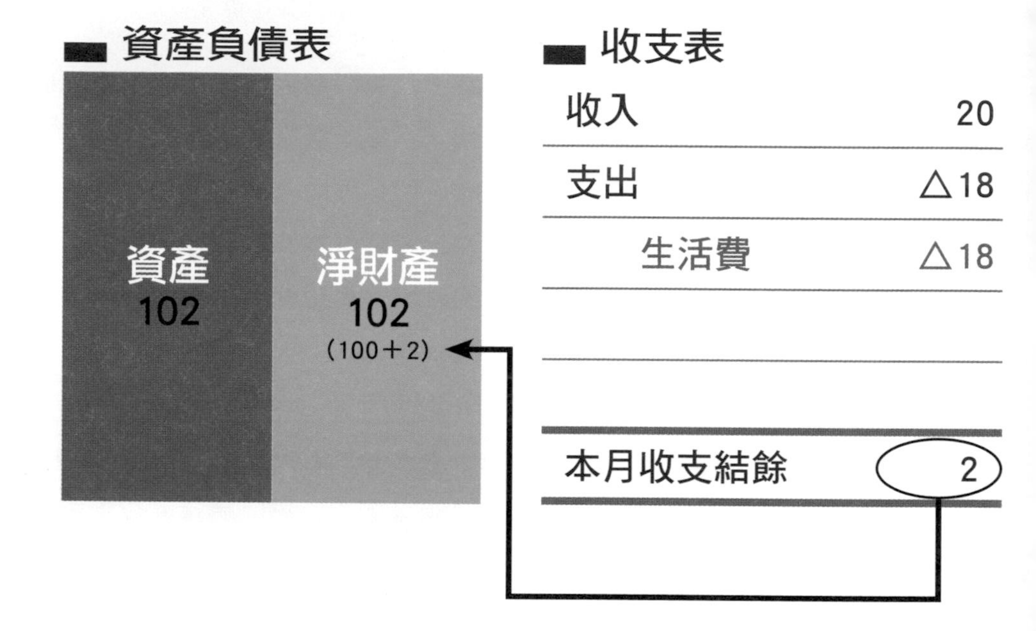

Key Point

為了慶祝第一個月拿到信用卡，晴天跟烏雲一樣也買了名牌包包，同樣比過去多消費了10。

理性刷卡

利用刷卡消費的當時

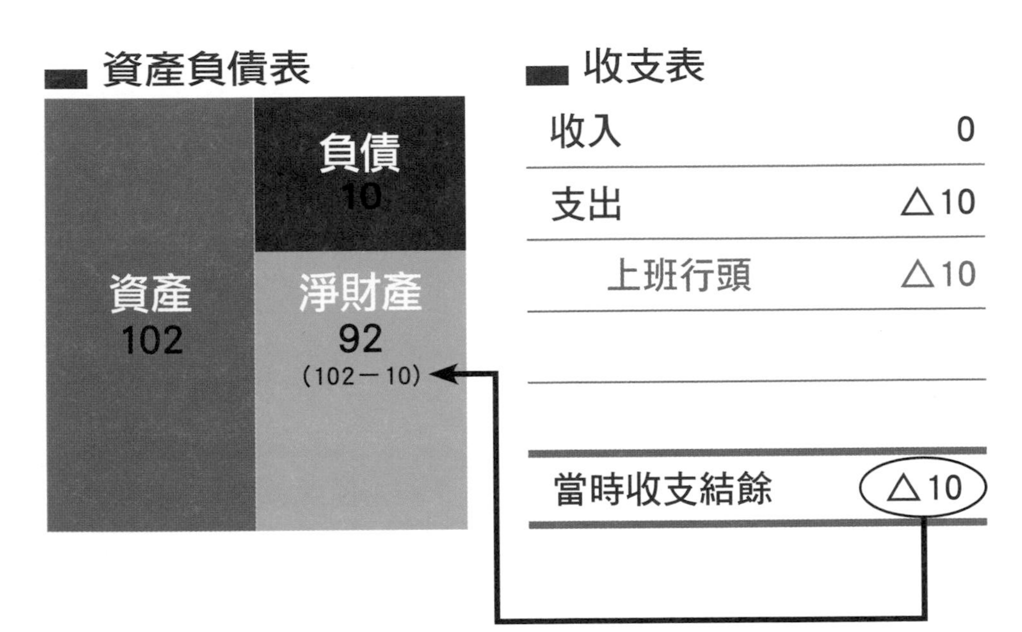

Key Point

這個月，晴天的資產增加到102。但因爲使用了信用卡，所以有卡片賒賬10。晴天看到淨財產一口氣就變成92，於是，告誡自己得先停卡。

理性刷卡

上班後第2、3個月的財報

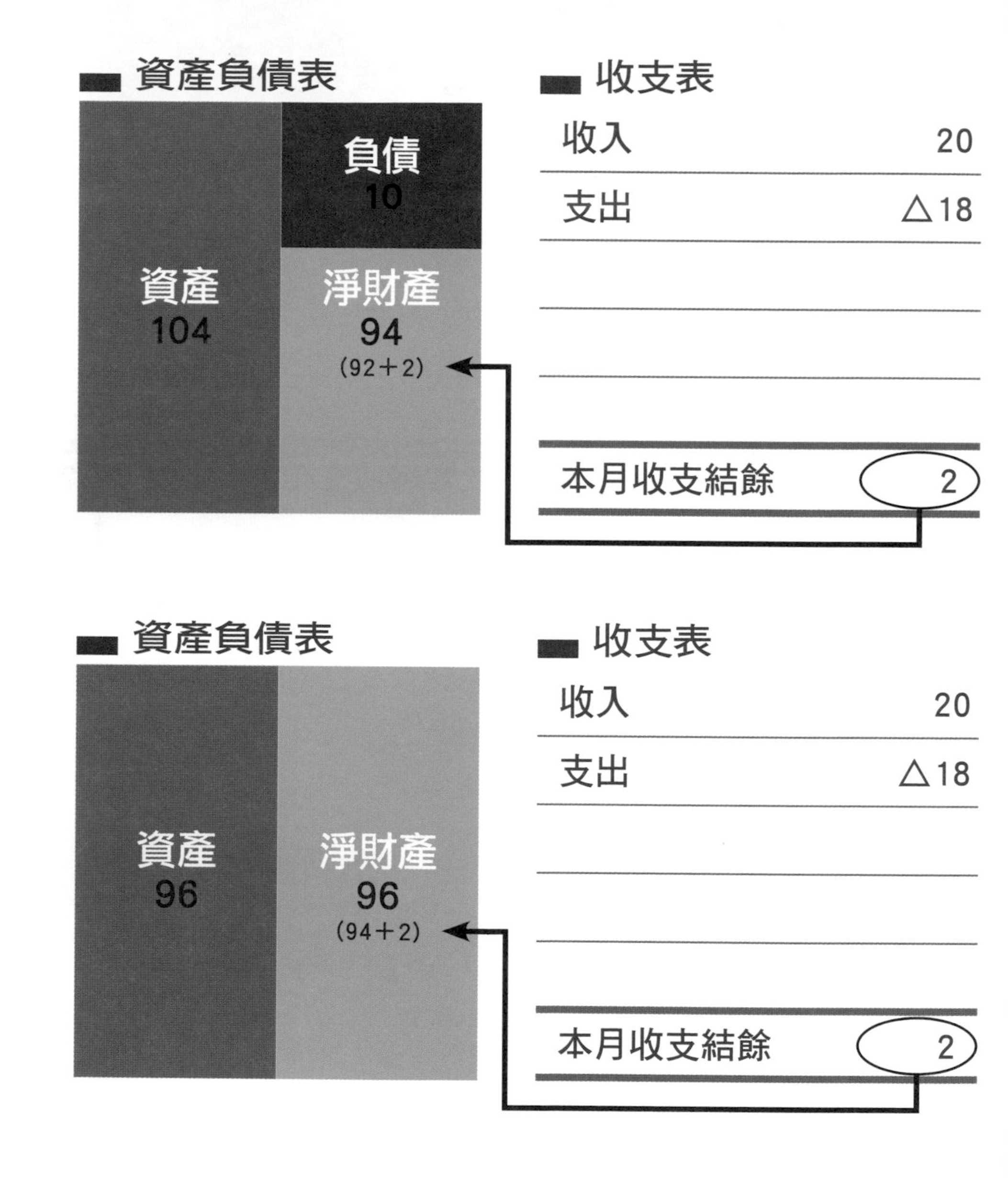

理性刷卡

上班後第4、5個月的財報

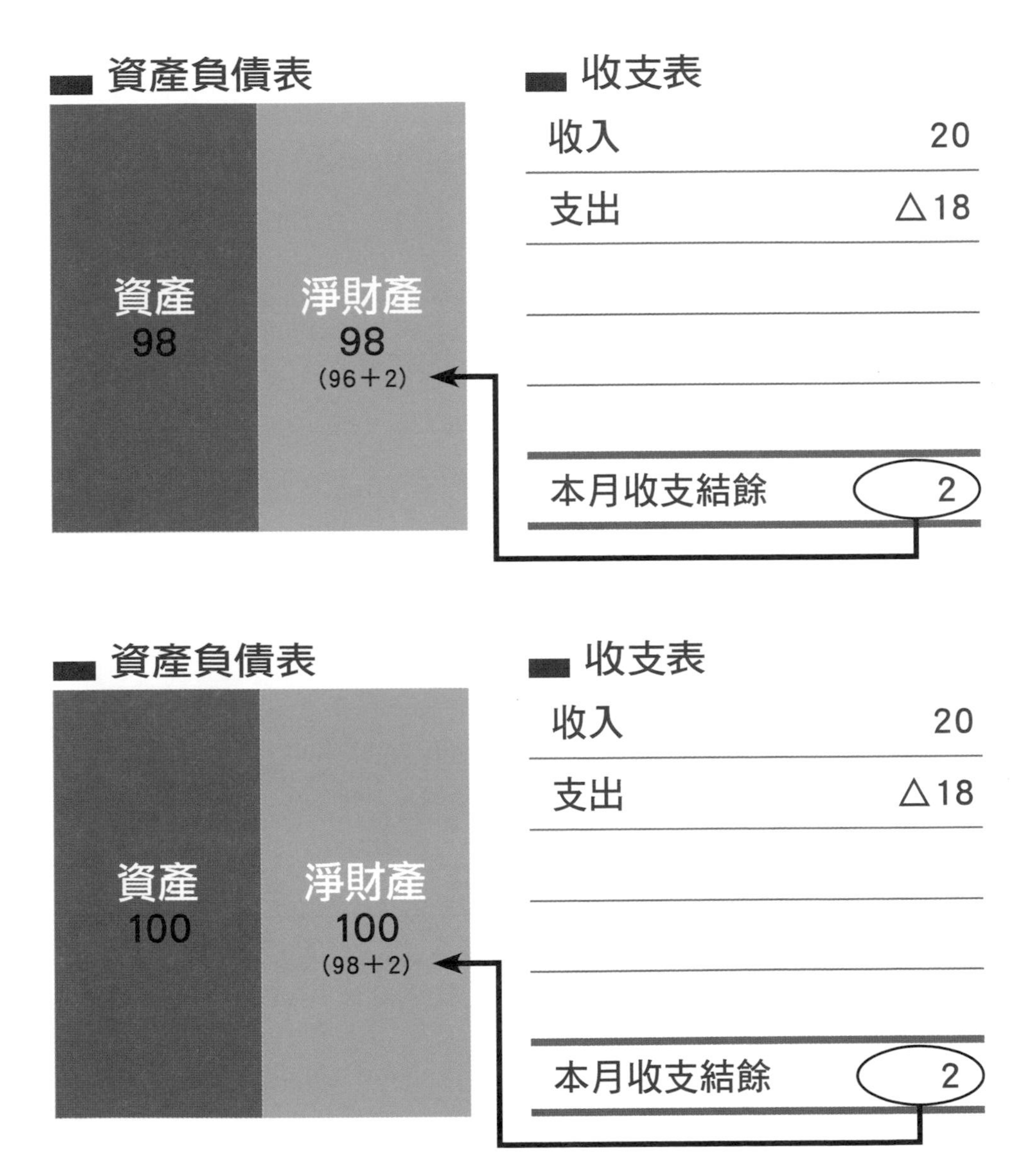

COLUMN

留意淨財產降低

3個月後因爲支付信用卡費，晴天的資產由100減少到96。不過，晴天已經轉爲正常消費，因此每個月的收支結餘都可以維持既有的水準，所以，第五個月的淨財產已經恢復到最初的樣子。

烏雲與晴天最初的財報一開始相同。5月後，烏雲的資產55，晴天的資產100。

兩人都無利息支出，但烏雲第1、2、3個月都使用了信用卡進行大額消費。所謂的「大額」是因爲每筆消費跟自己的收入比較都在1/2以上。

使用信用卡就是負債，這個基本常識一般人都有吧！負債過去給人的感覺很負面很不好，但是近年來各式的卡片型金融商品充斥之後，大家就比較能接受負債這件事了。前面我們提過，負債好壞並沒有單一的判斷標準，比方說，今天刷卡立刻就有了負債，但因爲它方便且有幾乎長達30天的免息特性，就值得你去負這個債。但因爲刷卡而負債的同時，資產並沒有減少，只是淨財產減少，對一般人會產生錯覺，好像並沒有發生這筆支出似的。加上最低應繳金額制度，即使每月淨財產快速減少，因爲資產下降得不多，就容易失去戒心。

現金消費 ＝ 資產立刻減少

卡片消費 ＝ 資產不變
負債增加

不同年齡層的財報用法　LESSON - 3

40歲如何活用家庭財報

追錢先生與喜悅先生結婚8年，生涯規畫如右key point所述。婚前兩對夫妻的財務與收支狀況一模一樣（如下），但婚後不同的理財計畫則讓兩家人8年後有不同的結果。

婚前妻子資產負債表

資產	淨財產
100	100

婚前妻子收支表

收入	60
支出	△40
收支結餘	20

婚前丈夫資產負債表

資產	淨財產
300	300

婚前丈夫收支表

收入	100
支出	△70
收支結餘	30

疏於理財

結婚之時的財報 （範例人物：追錢先生）

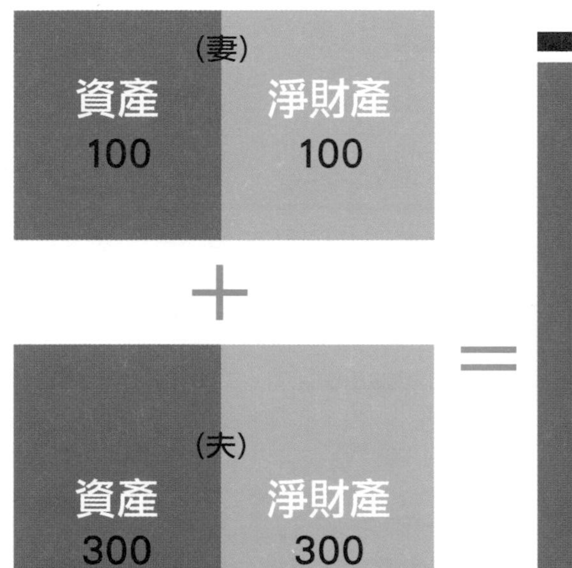

＝

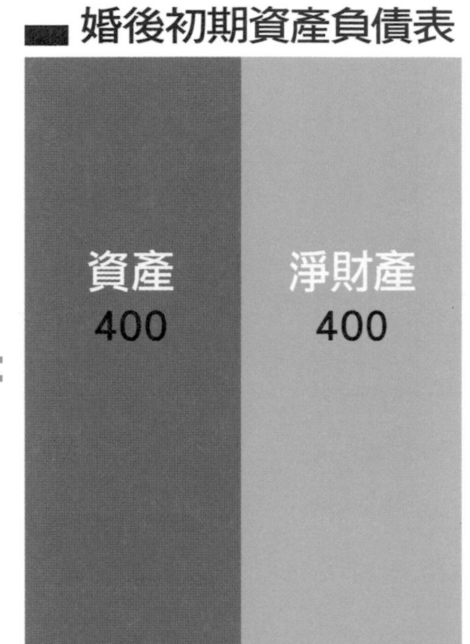

Key Point

兩人生活計畫

婚後第1年：頂客族

婚後第2年：頂客族

婚後第3年：生小孩

婚後第4年：妻子離職帶孩子

婚後第5年：妻子離職帶孩子

婚後第6年：妻子重回職場

婚後第7年：買房子（市值1000）

婚後第8年：開始付房貸

疏 於理財

婚後第1年

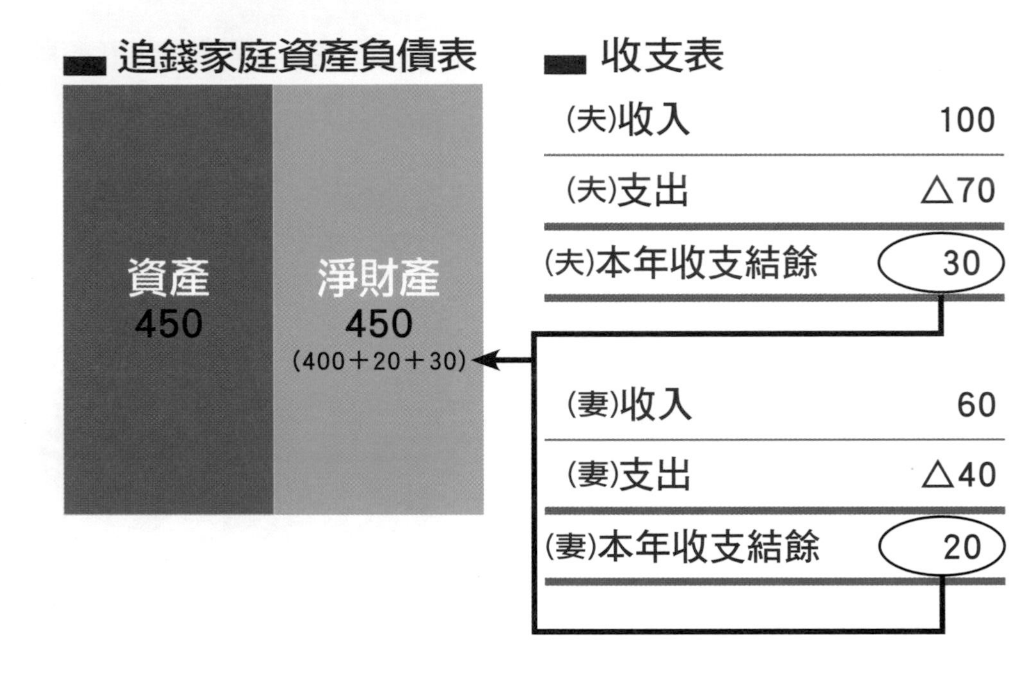

Key Point

結婚第一年，兩人順利了增加了50的資產。

疏 於理財

婚後第2年

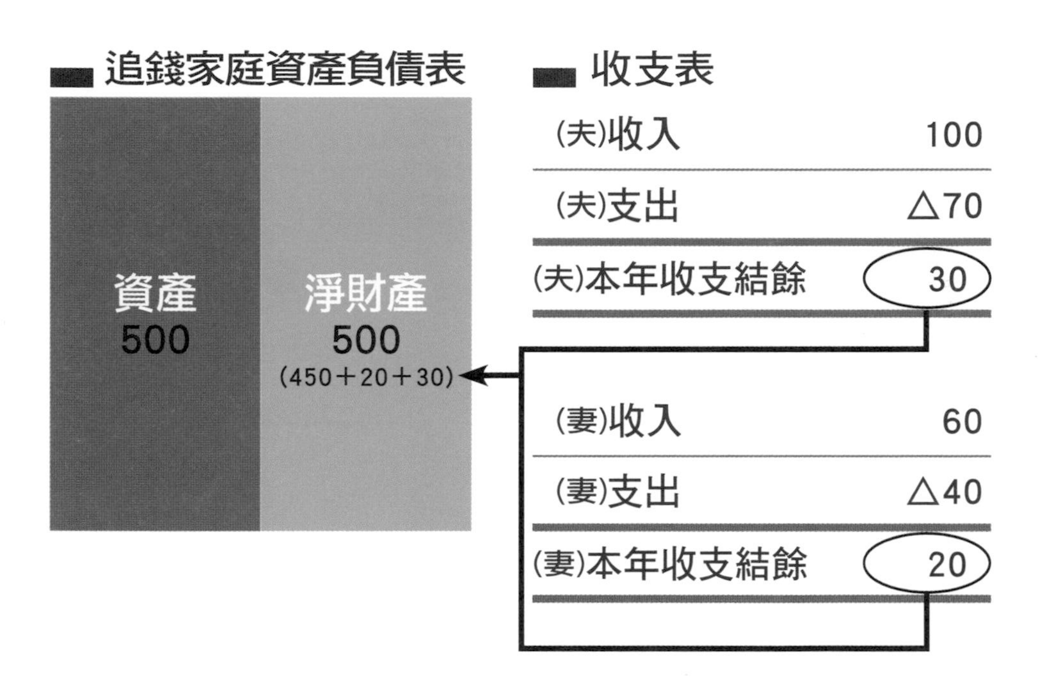

Key Point

結婚第二年，資產也增加了50，2年總共增加了100。

不過，2年後第一個小孩出生了，妻子必需離職帶孩子了。

疏於理財

婚後第3年，孩子出生

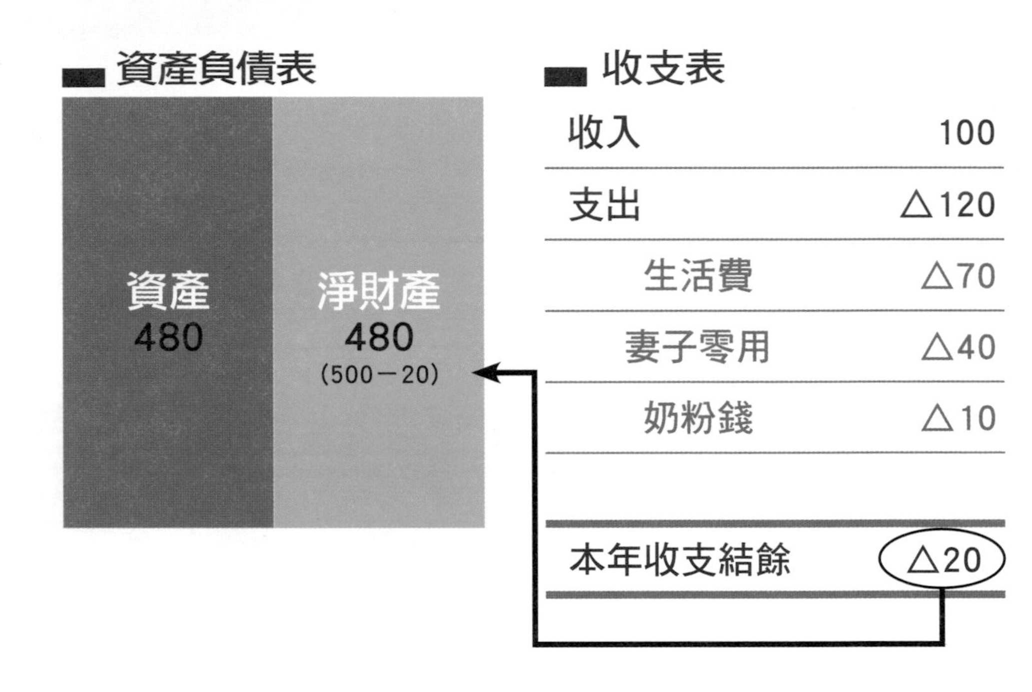

■ 資產負債表

資產	淨財產
480	480 (500－20)

■ 收支表

項目	金額
收入	100
支出	△120
生活費	△70
妻子零用	△40
奶粉錢	△10
本年收支結餘	△20

Key Point

妻子沒有收入了，但以前當上班族的消費習性沒變，每月還有40的零用支出，孩子的奶粉錢只有10。

疏 於理財

婚後第4年，入不敷出

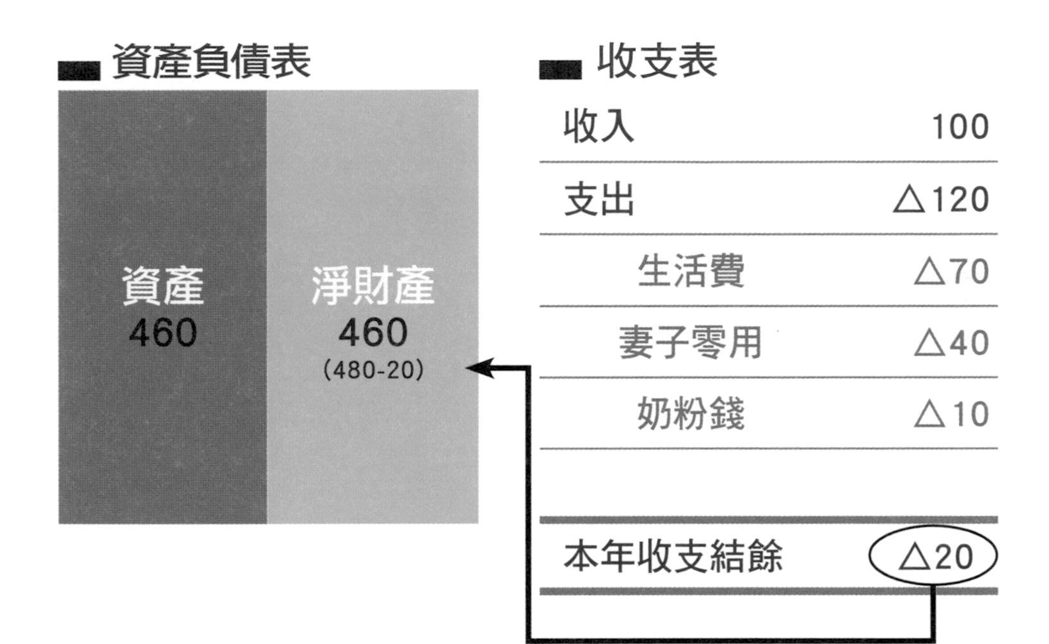

■ 收支表

收入	100
支出	△120
生活費	△70
妻子零用	△40
奶粉錢	△10
本年收支結餘	△20

Key Point

夫妻都沒有覺醒該增加收入或減少支出，所以資產每年以少於20的速度減少中。

疏於理財

婚後第5年，赤字加重

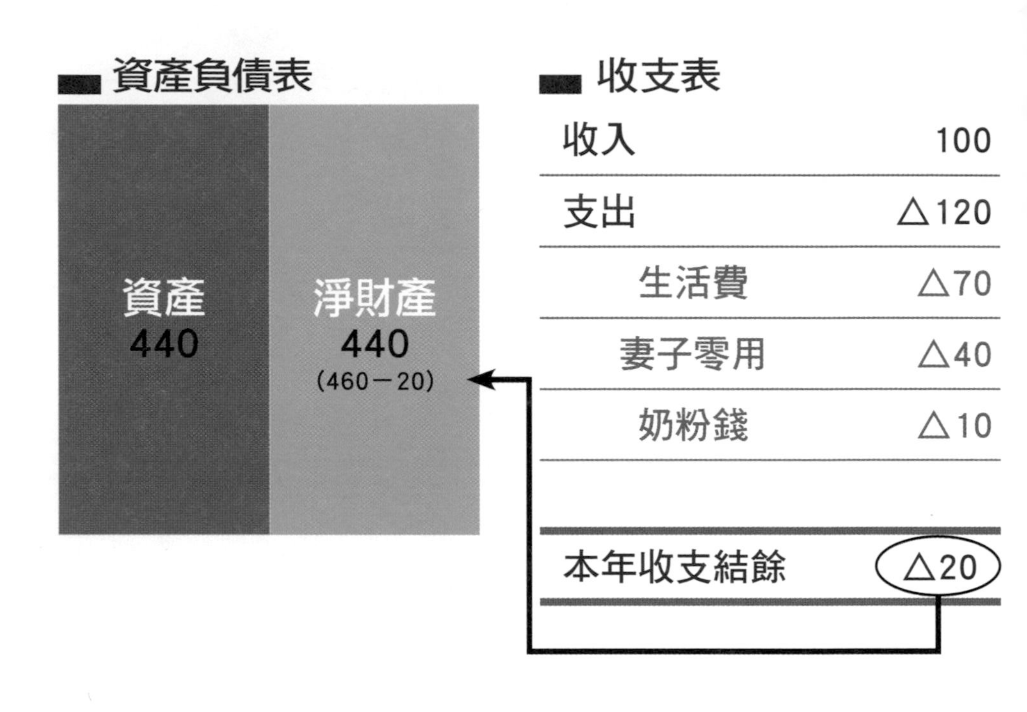

Key Point

爲了孩子，現在暫時當單薪家庭，追錢家庭又未因應客觀環境調整支出習慣，妻子還是維持跟上班時的支出零用錢。

第一個孩子出生後三年，按照計畫，妻子重回職場，因爲還兼顧孩子，所以薪資減半，只剩30。（見右圖）

婚後第6年，妻子重回職場

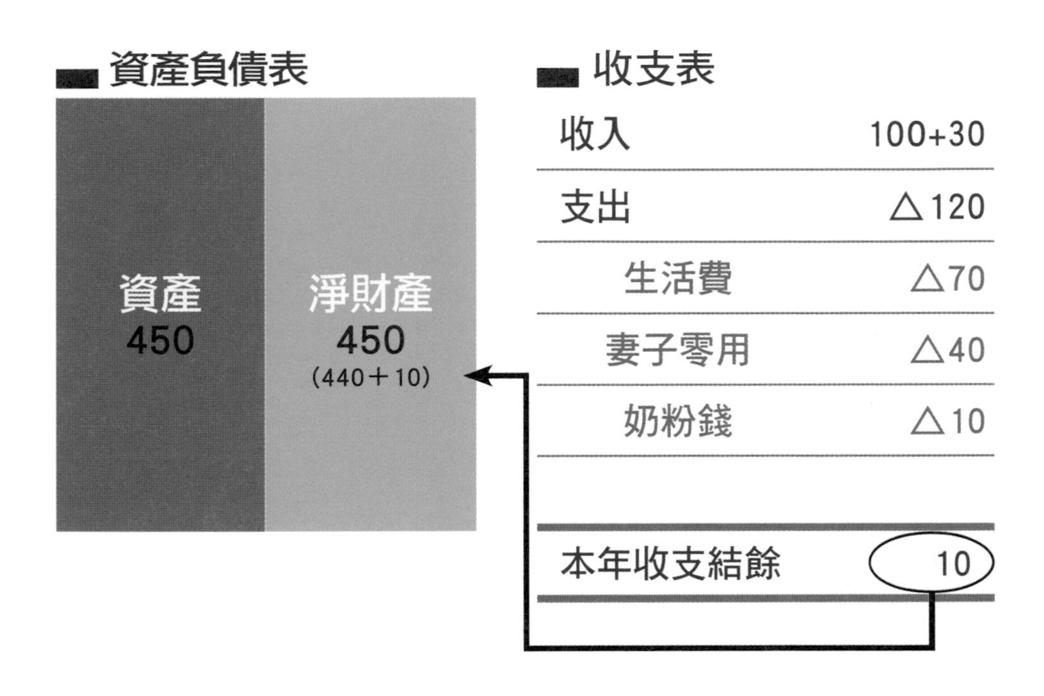

Key Point

婚後第7年，要購屋了(實際上也是需要的，因爲孩子一天天長大)但追錢家庭因爲手頭資產只剩450，購屋時只能選擇低頭期(150)的方案，相對的，因爲高貸款，未來利息負擔也不輕。(見次頁)

首年利息是25.5。

疏 於理財

婚後第7年，購屋

購屋初期資產負債表

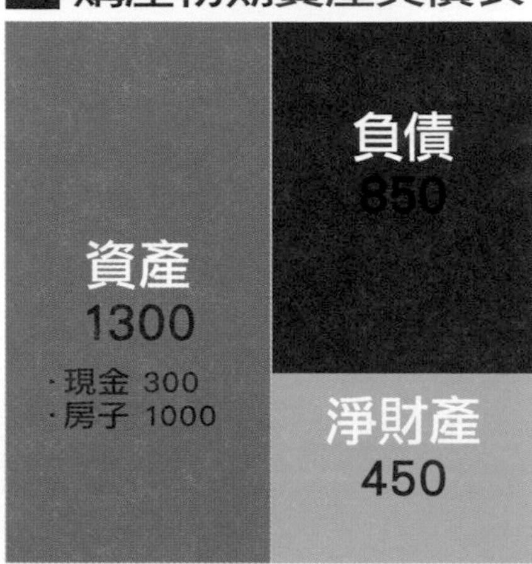

購屋1年資產負債表

資產
1224.5
·現金 224.5
·房子 1000

負債
790
(850-60)

淨財產
434.5
(450-15.5)

購屋條件

項目	金額
房價	1000
頭期款	150
總貸款	850
利率(年利率)	3%
年還本利	60
還款期	14年2個月

收支表

項目	金額
收入	100+30
支出	△120
家用全部	△120
特別支出(利息)	△25.5
當時收支結餘	△15.5

疏 於理財

婚後第8年，現金不足

購屋2年資產負債表

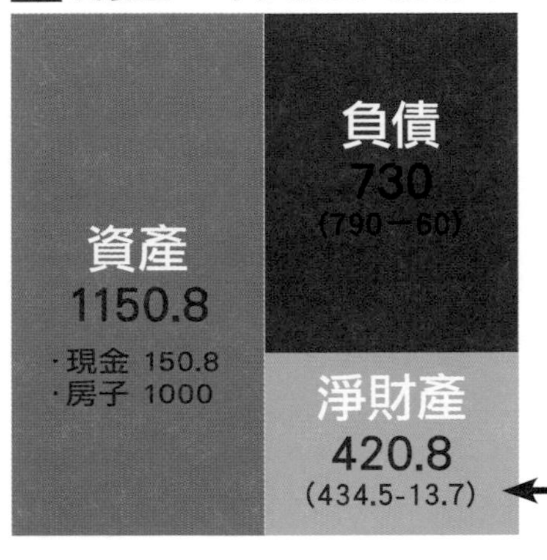

收支表

項目	金額
收入	100+30
支出	△120
家用全部	△120
特別支出(利息)	△23.7
本年收支結餘	△13.7

Key Point

購屋後的第二年，利息支出是790乘以3%等於23.7。另外再付掉房貸60的本金。算一算追錢家庭就只剩下150.8的現金了。

勤於理財

結婚之時的財報 （範例人物：喜悅先生）

（妻）資產	淨財產
100	100

＋

（夫）資產	淨財產
300	300

＝

婚後初期資產負債表

資產	淨財產
400	400

Key Point

喜悅結婚之初就已經計算過自己一生的現金流將會如何（計算方式見本系列「破產上天堂1－我的現金流」）。懂得掌握黃金儲蓄期存錢，聰明的喜悅先生甚至連自己退休後的現金流都算好了。

勤 於理財

婚後第1年，用力的存錢

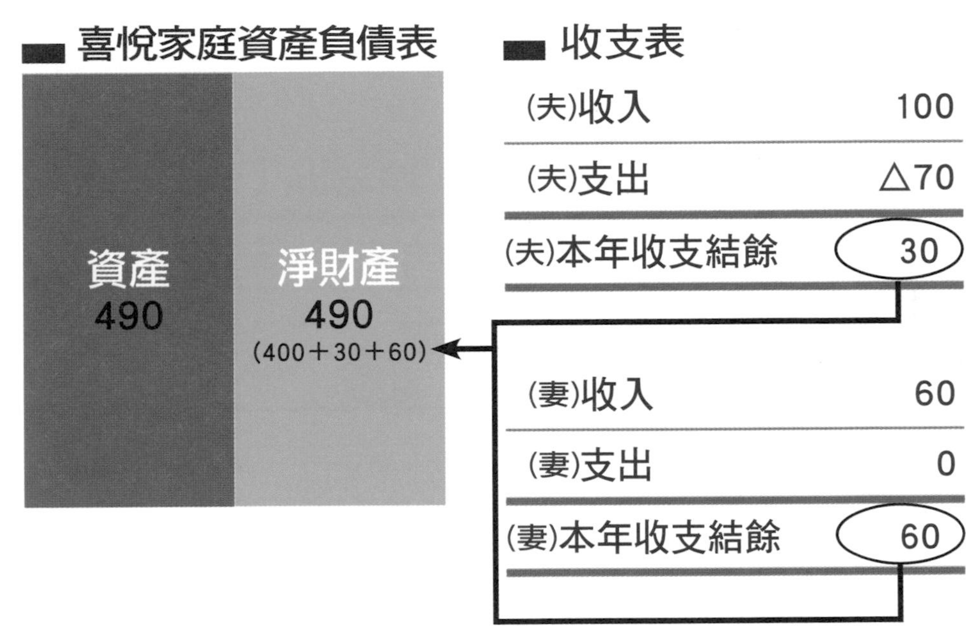

Key Point

婚後，夫妻都工作。結婚後先生的收入用於家用，妻子的收入則悉數當成存款。

勤 於理財

婚後第2年，資產增加180

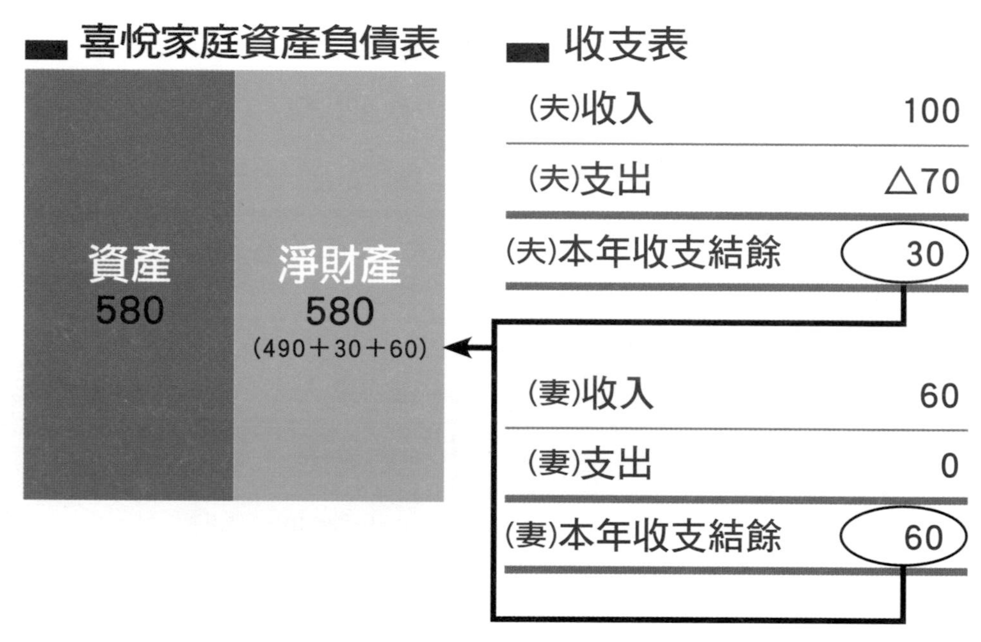

Key Point

沒孩子的雙薪家庭是最容易存到錢的，不好好存錢更待何時……卯起來拚了！

勤 於理財

婚後第3年，孩子出生

資產負債表

資產	淨財產
600	600 (580+20)

收支表

項目	金額
收入	100
支出	△80
生活費	△70
妻子零用	0
奶粉錢	△10
本年收支結餘	20

Key Point

孩子來報到了，雖然很想賺錢但比起儲蓄，孩子還是比較重要，妻子離職專心帶孩子，跟頂客族相比只多了奶粉錢10的支出，但已經沒有妻子的那份收入了。不過，每年還是有小盈餘20。

勤 於理財

婚後第4年，家計度小月

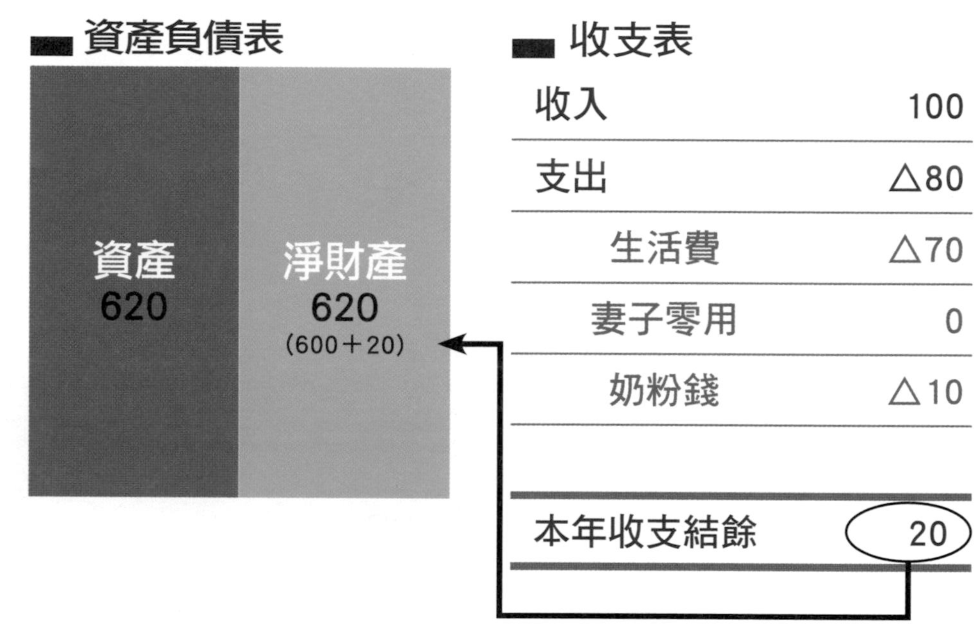

Key Point

儲蓄速度變慢了，但還不會致於倒貼過去存下的資產。

勤於理財

婚後第5年，儲蓄慢慢中

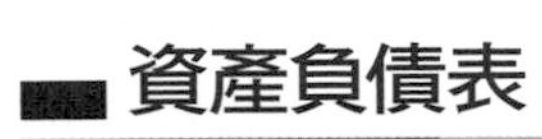

資產	淨財產
640	640 (620＋20)

■ 收支表

項目	金額
收入	100
支出	△80
生活費	△70
妻子零用	0
奶粉錢	△10
本年收支結餘	20

Key Point

喜悅的妻子開始尋找可以一面帶孩子一面上班的工作，她的目標是過去薪水的一半，也就是30。

好處是一面可以兼顧到孩子。

勤於理財

婚後第6年，妻子重回職場

資產	淨財產
690	690 (640＋50)

收支表

項目	金額
收入	100+30
支出	△80
生活費	△70
妻子零用	0
奶粉錢	△10
本年收支結餘	50

Key Point

明年準備買房子，預算是1000，因爲手邊的資產還算充裕，資產有690，所以，購屋頭期可以付400，以減輕未來的房貸利息壓力。

勤 於理財

婚後第7年，購屋

購屋初期資產負債表

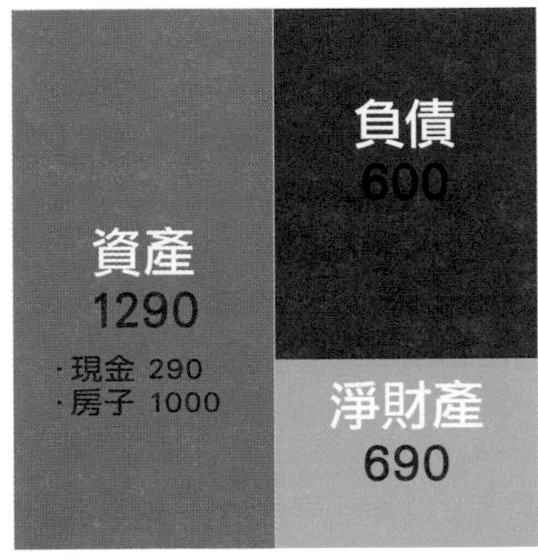

購屋1年資產負債表

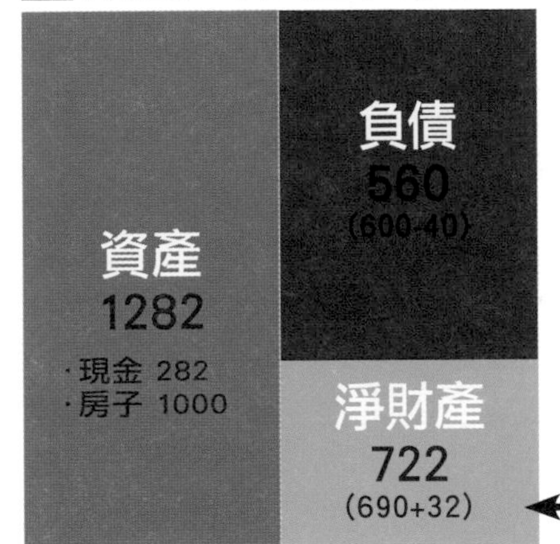

購屋條件

項目	金額
房價	1000
頭期款	400
總貸款	600
利率(年利率)	3%
年還本利	40
還款期	14年2個月

收支表

項目	金額
收入	100+30
支出	△80
家用全部	△80
特別支出(利息)	△18
當年收支結餘	32

勤 於理財

婚後第8年，迎接美麗人生

購屋2年資產負債表

資產	負債 / 淨財產
資產 1275.2 ·現金 275.2 ·房子 1000	負債 520 (560-40)
	淨財產 755.2 (722+33.2)

收支表

項目	金額
收入	100+30
支出	△80
家用全部	△80
特別支出(利息)	△16.8
當時收支結餘	33.2

Key Point

購屋後的第二年，利息支出是560乘以3%等於16.8。另外再付掉房貸40的本金。

有步驟的安排現金流到財報，喜悅家庭安全的購置了新家與教養孩子，迎接中年之後的另一段人生。

追錢vs喜悅家計大對決

	資產				負債		淨財產		利息支出	
	現金		房子							
	追錢	喜悅	追錢	喜悅	追錢	喜悅	追錢	喜悅	追錢	喜悅
結婚前	300	300					300	300		
結婚時	400	400					400	400		
1年後	450	490					450	490		
2年後	500	580					500	580		
3年後	480	600					480	600		
4年後	460	620					460	620		
5年後	440	640					440	640		
6年後	450	690	1000	1000	850	600	450	690		
7年後	300	282	1000	1000	790	560	434.5	722	25.5	32
8年後	150.8	275.2	1000	1000	730	520	420.8	755.2	23.7	16.8
							↑ 負循環	↑ 正循環		

婚後到購屋，這兩家人有很多年的時間是沒有利息壓力的，而這段期間的理財態度也決定了未來財務循環是正還是負的重要關鍵。

COLUMN

了解並掌握黃金儲蓄期

爲了經營幸福的家庭生活，早早有個長遠的計劃，日子就會過得比較輕省哦！

從追錢家庭與喜悅家庭的比較中可以看出，結婚前財產對照表完全相同，生活規畫中重要的項目像是生孩子、買房子、要不要離職帶小孩也都一樣，可是8年之後，即使擁有了同樣水準的東西如房子、薪水收入，但財報安全度卻完全不同。

原因在哪呢？

追錢家庭結婚後到第一個孩子出生。丈夫和妻子的消費方式和當單身貴族時候沒什麼兩樣。

因爲沒有掌握黃金期存款，所以等到孩子哇哇落地，淨財產並沒有增加很多。

喜悅家庭一結婚就改變了持家的心情，在許多不必要浪費的地方就儉省下來。事實上，雖然吃飯與住房這些生活開支，單身比起兩人生活是會增加一些支出沒錯，可是實在沒有必要乘以兩倍，過來人應該都會認同，婚後只要兩人稍微調整一下生活支出，要存到錢一點困難也沒有。喜悅家庭就是懂得掌握當頂客族的2年內，以丈夫的薪資用來開銷，妻子的薪資存下來了。

結果，2年後的淨財產是600。

此時追錢家庭與喜悅家庭的淨財產已經有了120（600−480）的區別。

在這裡你可能還看不出有什麼大的差別，但是一旦買房子開始付貸款，財務差距就愈來愈遠了。

為什麼呢？

喜悅家庭因為有積蓄足以支付比較高比例的房屋頭期款，貸款額度就少，利息就低。而追錢家庭則因頭期款不足，只得採用高比例的貸款，每月利息負擔就比前者要高出許多。

經年累月的資產結構差異，就會讓兩者之間的財務狀況愈拉愈遠。

以上只是考慮一個變數，就是購屋頭期款與利息的問題，但真實世界裡，結婚8年正值壯年，家中老的老、小的小，要存教育金、要事奉父母、要存退休金、要付房貸、要買點兒代表「我混得還不錯」的奢侈品，總而言之，要理財難度會愈來愈高，相對的掌握單身期與結婚之初的黃金儲蓄期，將來理財就輕省多了。

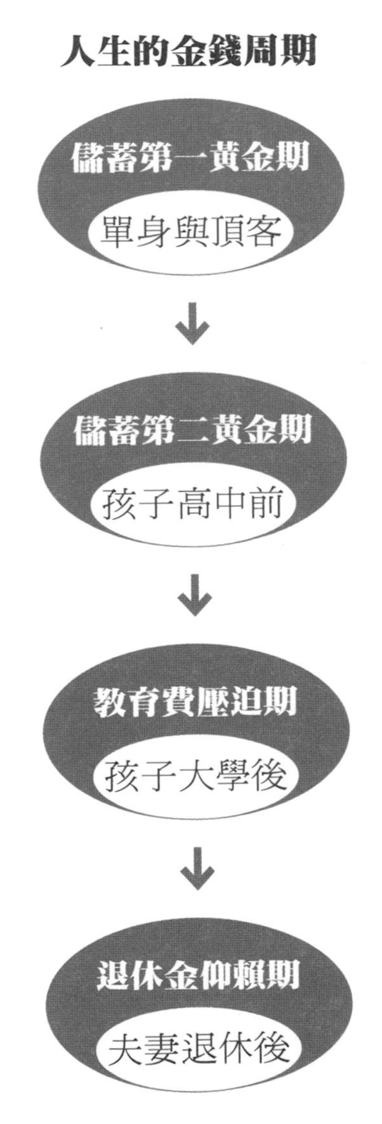

不同年齡層的財報用法　LESSON - 4

財產跟收支要「連」在一起

在這一章中，我們舉了3個例子看財產與收支之間的關係。如果習慣以立體的方式判讀財務，對個人理財決策是有幫助的，以下我們將列舉一些跟家計相關的主題：

A.正確的數一數「生活力」

以前面追錢家庭與喜悅家庭為例，如果他們不幸在第8年時，兩人所上班的公司突然宣布倒閉，那麼，這兩個家庭會變成怎麼樣呢？

追錢家庭與喜悅家庭8年後的淨財產，分別是420.8和755.2。

1年內的支出總額，追錢家庭是143.7，喜悅家庭是96.8。

現在瞭解一下評斷生活實力的指數—生活力。

我們把失業沒有收入來源後，能夠生活多久的指標稱為生活力。計算公式是：

生活力=淨財產÷1年內支出總額

就範例而言

追錢家庭

420.8÷143.7≒2.9

喜悅家庭

755.2÷96.8≒7.8

以上的「生活力」包括不動產如房子等資產全部轉讓後計算所得，所以並不客觀，因為像房子這種不動產如果需要出售也不一定就找得到買主。

因此，另一種計算方式是把資產扣除不動產後的流動資產拿來計算，以追錢與喜悅兩個家庭為例子，他們的生活力如下：

追錢家庭

150.8 ÷143.7≒1.05

喜悅家庭

275.2÷96.8≒2.8,

看得出來追錢家庭的財務結構

什麼叫生活力

生活力(含不動產)

$$生活力 = \frac{淨財產}{1年內的支出總額}$$ (單位……年)

這個數字，就是告訴我，如果本人失業了，還可以"撐"幾年的意思！

生活力(不含不動產)

$$生活力 = \frac{扣除不動產後的流動資產}{1年內的支出總額}$$ (單位……年)

把房子的價格扣掉比較合理，因爲肚子餓了，房子總不能拿來"啃"吧！

很危險。也就是說，如果追錢夫妻2人同時失業的話，他們只能撐1.05年(約12個月)。事實上，不管資產多龐大，如果家庭的流動現金不足也就是生活力過低的話，日子過起來就會很不踏實。

B.認識利息

利息、期數與時間，對家庭而言不管是存款、投資或是貸款都很重要。

房屋貸款的利息會隨貸多少錢？跟銀行談判的利率是多少？借款期間是多長？有不同的變化。除非你篤定可以利用手邊的現金取得更高更安全的報酬，否則，儘量減少房貸款金額（增加頭期款），選擇低利率（留心各家銀行的優惠方案），儘量早日還款是絕對明智的。雖然我們前面提到，家庭負債不必過度在意，可是三不五時拿來精算一下究竟「如何負債爲佳」卻是很重要的，除非暫時無法一口氣清還，或是有更高報酬的投資方案，那就另當別論了。

尤其要留意很多新銀行的「理財型房貸」，因爲過於靈活的房貸繳款方式有時反而讓自己身陷貸款泥潭。

C.留心資產價差

房屋的價格會隨時價變動。

時價是指拿到市場銷售可以賣得的價格。

除開變動較大的景氣上升或下滑之外，以一般的住房時價，1年可能減少約5%。你可以簡單的把它想成「折舊」，也就是去年你買100，今年賣掉可能只剩95。

當然，也許你的房屋地段整體提升，今年價格反而比去年高的也很多。這裡只是要提醒你，在進行家計管理的時候要留心這種因爲折舊或相關風險所引起的價格虧損，因爲它是隱形的，常常被忽略。

而通過家庭財務報表能用數字把握這種時價虧損。右圖我們就以追錢家庭第8年的財報當例子。試著

不動產跌價了……(範例人物：追錢家庭第9年)

■ 購屋8年資產負債表

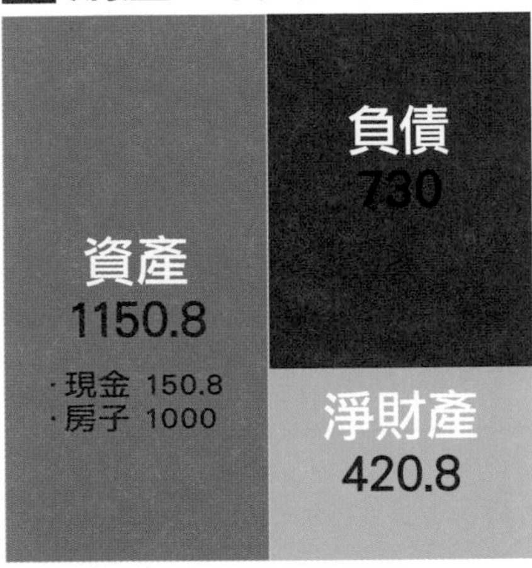

房價跌了10%，負債不變，淨財產一口氣少了100，而我的現金只剩150.8……
萬一必需賣房子，就立刻損失一大筆錢。

■ 購屋9年資產負債表

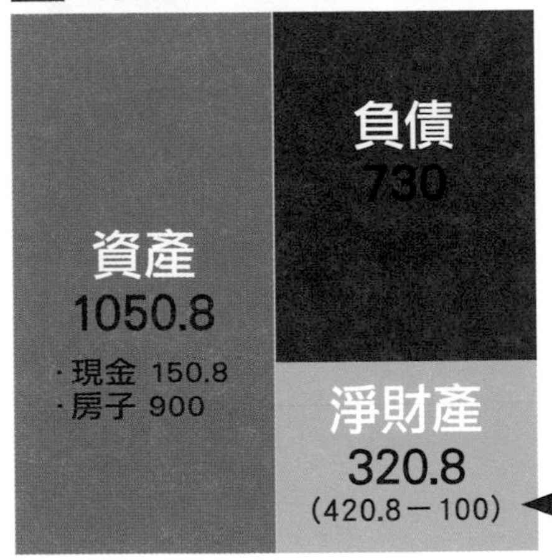

■ 收支表

收入	0
支出	△100
房屋重估折損	△100
當時收支結餘	△100

算一下如果追錢家庭新購買的房子(原價1000)產生了10%的跌價；如果喜悅家庭在第8年房子有了10%的漲幅，在財報上是如何被計算的。

用這樣當範例似乎有點落井下石(或說錦上添花)，怎麼已經很有錢的人還以它當成「資產漲價」的例子;反而窮窮的追錢先生卻把它當成「資產跌價」的例子。雖然這種事沒什麼好討論的，充其量不過是個例子，可是社會上的實際情形也差不多是如此 —— 善於理財的人常常因爲技巧愈來愈老辣，往往買什麼賺什麼！而懶得理財的人則常常是買什麼賠什麼。

D.獲得可靠的資訊

個人理財，雖然我們一直強調要有企業管理的態度，但實際上它的困難度可能比經營一家大型公司還要困難！！

而且，難很多倍。

每個家庭的狀況都不一樣，而且中國人非常重視家族，幾乎沒有一個個人理財是可以獨立於家族的影響的。那種盤根錯結的家族資產問題如何讓家計發揮最大效益有賴正確的數字。

更具體點說，跟家人(或家族)談錢時，有正確的財報當根據，會減少很多不必要的浪費，還有情緒性的反應。

如果能通過家庭財報管理收入和消費，財產和負債，並按年總結，從流動和庫存兩方面把握家庭收支的整個情況。將有非常積極的效益。

重要的是，自己的財產和收支要系統的聯繫在一起。

不動產漲價了……(範例人物：喜悅家庭第9年)

購屋8年資產負債表

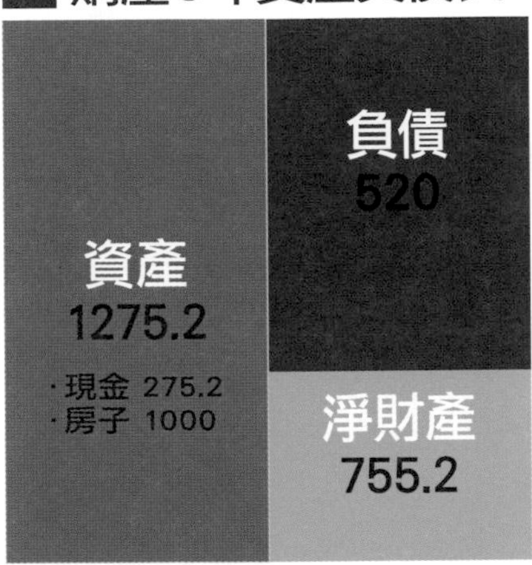

房價漲了10%，淨財產一口氣多了100！
好想再買房子哦，眞是幸福的有屋族……

購屋9年資產負債表

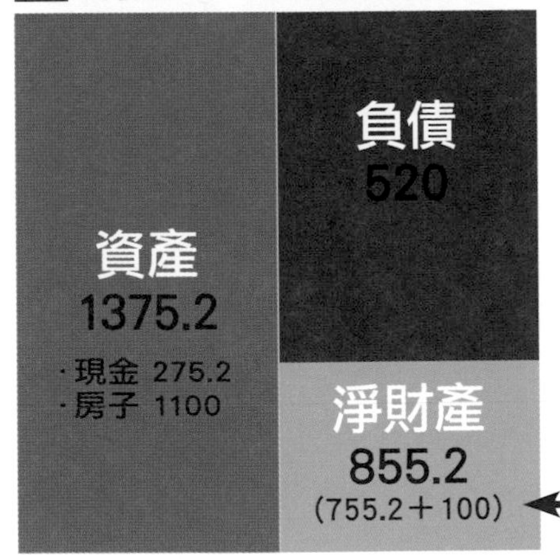

收支表

項目	金額
收入	100
房屋重估獲利	100
支出	0
當時收支結餘	100

動手製作

家庭財報

理論懂得再多，還不如實際練習有效益。

每年製作一次家庭財報就夠，不過，為了讓讀者熟悉，我們準備了五天的空白表格，可以利用時間寫寫看。

動手自製家庭財報

前面我們談了很多家庭財報的觀念與計算方式，這些可算是「理論篇」！所謂的理論就是不管看得再多也無法明白的東西，那麼，就實際做一遍！

一開始，建議讀者先試著連續記錄幾天看看，可以透過動手記錄熟悉這種方法(趁現在熱情還在，就趕快拿筆吧！)。熟悉之後，一般家庭可以每年寫一次，投資頻繁的家庭可以每月寫一次。

財報製作的原則

流水帳大家都會記，收入100就記「收入100」，買便當10，就是「支出10」。但財報的記法跟流水帳有兩個不同的地方。

第一，什麼都要記2遍。

收入100，要記成「現金100/收入100」；買便當10，要記成「現金△10/支出10」；以現金買200的股票，要記成「股票200/現金△200」；刷卡購物花了50，就要記成「信用卡未償50/支出50」…總之，所有金錢活動，一定會在財報上被記兩次。

第二，只要有金錢活動就要記一次。

以買獎券來說，買的時候記一次，中獎的時候再記一次。

比方說，你拿了100買樂透，開獎了，扣掉稅金一共領到8000。它的記法是—

買樂透時「現金△10/獎券10」。

中獎了「現金8000/特別收入8000」。當然，如果你是當天買樂透當天就中獎，也可以直接把獎金扣掉成本100後直接記錄「現金7900/特別收入7900」。

以上兩點是初次記錄的人比較容易搞不清楚的。這種方法是由會計中雙式簿記演變而來的。不過，別去記那種複雜的什麼借、貸、左、右、原則不原則的，只要用常識判斷，自己想通了，並「從一而終」用同一種邏輯就可以了。

你只要想，當資產裡多了500的股票，事出必有因。如果是用現金買的，就是「現金△500/股票500」;如果多那500的股票原因是:200由存褶裡扣、50由現金取出、150是股市融資、100是向朋友借的。那麼記法就是「存褶△200、現金△50、股市融資150、借貸100/股票500」，而到底那一項是應該是加、那一項應該是減，用常識判斷就不會搞錯。用常識判斷:拿存褶裡200買股票，存褶就會減少200;50現金買股票，現金減少200;融資150，表示負債增加150…依此類推。

製作家庭財報的四個步驟

初次製作財報的人可能會搞不懂爲什麼資產項下，有「現金」、「存褶1」、「存褶2」、「定存」是做什麼用的?

跟一般會計上統稱爲「現金」不同，家庭財報還是以實用爲主，所以，現金，是指你口袋裡、保管箱中的現鈔，存褶1可能是你用來扣繳水電、瓦斯的帳戶，存褶2可能是你用來扣繳卡費的帳戶。這樣分的用意是方便讓你一筆帳對一筆帳。這樣子寫不知讀者會不會覺得解釋太多了，其實它是很簡單的方法。照著以下四個步驟，應該很輕易就可以了解的。

第一步：製作最初的資產負債表

第二步：記錄金錢活動

第三步：數字結算

第四步：製作最新的資產負債表

第一步　製作最初的資負表 (陳先生範例)

資產負債表

資產		
農地	2,000,000	
魚塭	3,000,000	鄉下父母留給自己的家產
房子	10,000,000	自己買下的房子
股票	100,000	股票當時的市值
現金	6,000	手中的現金
存褶1	20,000	
存褶2	40,000	存褶裡的餘額
其他	0	可賣高價品，如黃金、名牌

負債		
卡費待償	20,000	卡費還沒繳的部份
房貸	6,000,000	銀行貸款
借款	0	除了銀貸之外的其他借款

淨財產		
家族財產	5,000,000	繼承、贈予等
保留財產	4,146,000	資產－負債

第二步　記錄金錢活動

陳先生這段期間的金錢活動——

1. 早餐 100
2. 衣服 2仟(刷卡)
3. 咖啡 45
4. 電話費 800(由存褶①扣)
5. 卡費 6仟(由存褶①扣)
6. 買菜 1仟(刷卡)
7. 領薪水 8萬(直接進存褶①)
8. 買股票 5萬
(由存褶①扣2萬；3萬是融資)
9. 繳房貸 2萬4
(由存褶①扣2萬本金；4仟利息)

現金

内容	項目	增加	減少
早餐	伙食		100
咖啡	伙食		45

股票

内容	項目	增加	減少
股票	投資	50,000	

信用卡

内容	項目	增加	減少
衣服	置裝	2,000	
繳卡費	信用卡		6,000
買菜	伙食	1,000	

房屋貸款

内容	項目	增加	減少
12月份	貸款		20,000

借款--股票融資

内容	項目	增加	減少
股票	投資	30,000	

存摺①

内容	項目	增加	減少
電話費	通訊		800
卡費	信用卡		6,000
薪水	收入	80,000	
買股票	投資		20,000
繳房貸	房貸		24,000

收支表

收入	
薪資收入	80,000
支出	
1、早餐	100
2、衣服	2,000
3、咖啡	45
4、電話費	800
5、買菜	1,000
6、房貸利息	4,000
7.	
8.	
9.	
10.	
收支結餘	72,055

第三步 數字加總

現金	6000-100-45=5855
存摺①	20000-800-6000+80000-20000-24000=49200
股票	100000+50000=150000
房貸	6000000-20000=5980000
卡費待償	20000+2000-6000+1000=17000
借款(股票融資)	0+30000=30000

第四步 製作最新的資負表

資產		負債	
農地	2,000,000	卡費待償	17,000
魚塭	3,000,000	房貸	5,980,000
房子	10,000,000	借款(股票融資)	30,000
股票	150,000	**淨財產**	
現金	5,855	家族財產	5,000,000
存摺①	49,200	保留財產	4,218,055
存摺②	40,000		
其他	0		

→ 上期的保留財產4,146,000+本期收支結餘72,055

由資產減負債計算，或把保留財產加收支結餘，答案應該都是一樣的。

掌握真正的家庭資訊

製作
資負表只能了解
某一個時間點的財產狀態。

比方說，2006年12月31日；2007年7月1日當時的財產是多少，但是是什麼原因造成的無法得知。

製作
收支表只能了解
某特定一段時間的進出帳。

比方說，2006年1月1日到2006年12月31日的收入減去支出的當期結餘。但無法得知財產狀態。

透過這兩張表的連結製成家庭決算表，就可以掌握自己正確真實的“財務資訊”

Note

1、薪資，要把實薪與扣除的項目如稅、勞健保費分開記。

2、房貸(或其他信貸)要把償還本金與利息和手續費分開。

3、繳交信用卡費，是利用存褶扣繳的？還是直接以現金繳款的要區分開。

4、繳交信用卡費，若有循環利息或手續費也要分開。

5、利用信用卡借款，一面要記錄「信用卡未償」，一面也要記錄現金增加。

6、信用卡消費一開始就是記在「負債」。

第1天

資產負債表

資產		負債	
		淨財產	

內容	項目	增加	減少

內容	項目	增加	減少

內容	項目	增加	減少

內容	項目	增加	減少

收支表

收入	
支出	
收支結餘	

數字加總

第2天

資產負債表

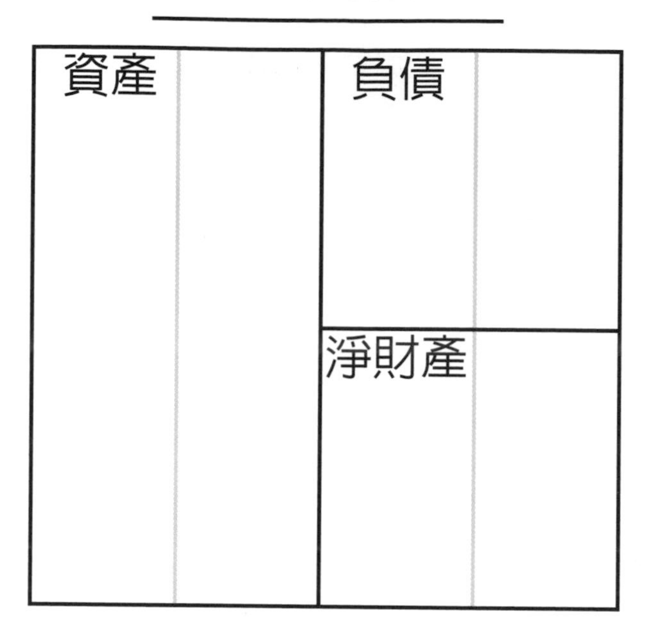

內容	項目	增加	減少

內容	項目	增加	減少

内容	項目	增加	減少

内容	項目	增加	減少

收支表

收入	
支出	
收支結餘	

數字加總

第3天

資產負債表

資產		負債	
		淨財產	

內容	項目	增加	減少

內容	項目	增加	減少

內容	項目	增加	減少

內容	項目	增加	減少

收支表

收入	
支出	
收支結餘	

數字加總

第4天

資產負債表

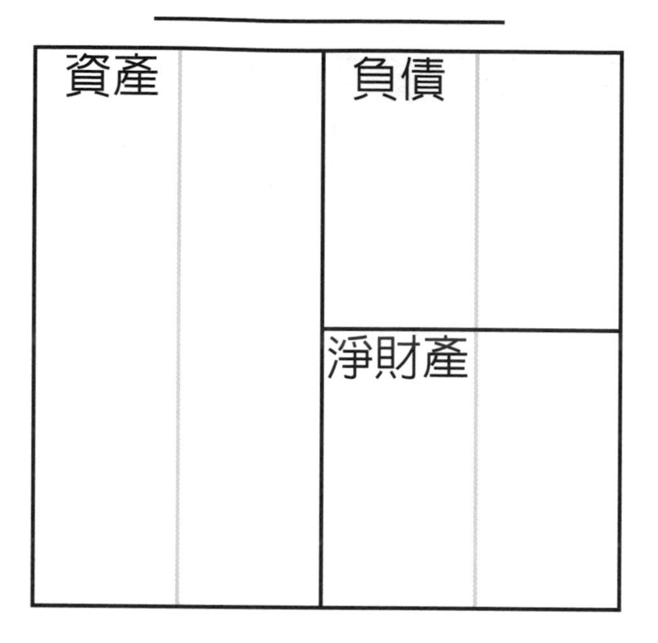

內容	項目	增加	減少

內容	項目	增加	減少

內容	項目	增加	減少

內容	項目	增加	減少

收支表

收入	
支出	
收支結餘	

數字加總

第5天

資產負債表

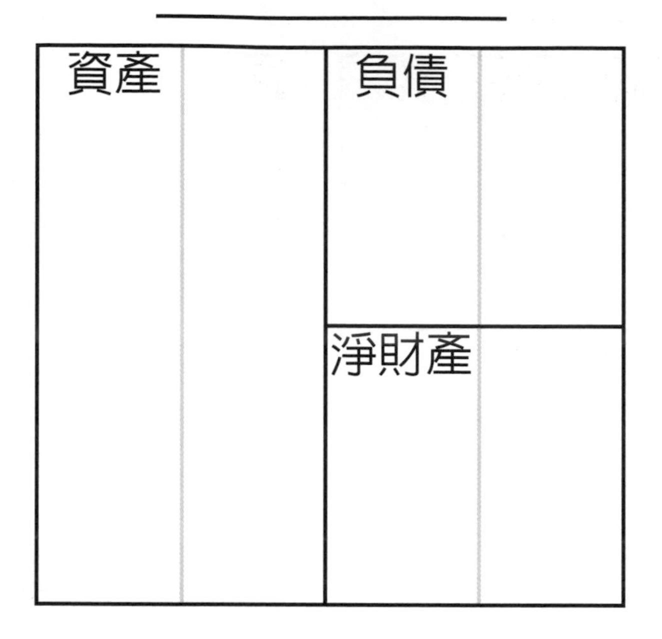

內容	項目	增加	減少

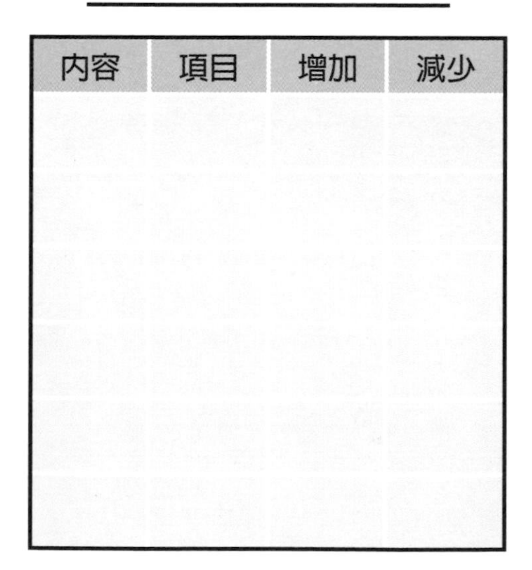

內容	項目	增加	減少

內容	項目	增加	減少

內容	項目	增加	減少

收支表

收入	
支出	
收支結餘	

數字加總

・國家圖書館出版品預行編目資料

破產上天堂.2，我的財務報表/新米太郎著.
初版.——臺北市：恆兆文化，2006「民95」
144面；　公分
ISBN 986-82173-2-6(平裝)
1.家庭經濟 2.理財 3.財務報表
421.1　　95007166

破產上天堂2

我的財務報表

出版所　恆兆文化有限公司
Heng Zhao Culture Co.LTD
www.book2000.com.tw
作　者　新米太郎
美術編輯　張讚美
責任編輯　文喜
插　畫　韋懿容
電　話　+886.2.27369882
傳　眞　+886.2.27338407
地　址　台北市吳興街118巷25弄2號2樓
110,2F,NO.2,ALLEY.25,LANE.118,WuXing St.,
XinYi District,Taipei,R.O.China
出版日期　2006年8月初版
ISBN　986-82173-2-6(平裝)
劃撥帳號　19329140　戶名　恆兆文化有限公司
定　價　220元
總經銷　農學社股份有限公司　電話　02.29178022